规圆矩方

王家大院建筑艺术

秦彩焰／主编

仇晓风／著

山西出版传媒集团

三晋出版社

图书在版编目（CIP）数据

规圆矩方：王家大院建筑艺术／秦彩焰主编；仇晓风著. -- 太原：
三晋出版社，2020.12

ISBN 978-7-5457-2220-8

Ⅰ.①规… Ⅱ.①秦…②仇… Ⅲ.①民居—建筑艺术—灵石县 Ⅳ.
①TU241.5

中国版本图书馆CIP数据核字（2021）第010323号

规圆矩方：王家大院建筑艺术

主　　编：秦彩焰
著　　者：仇晓风
责任编辑：解　瑞
装帧设计：卓尔文化·赵长发

出 版 者：山西出版传媒集团
　　　　　三晋出版社（山西古籍出版社有限责任公司）
地　　址：太原市建设南路21号
电　　话：0351-4956036（总编室）
　　　　　0351-4922203（印制部）
网　　址：http://www.sjcbs.cn

经 销 者：新华书店
承 印 者：山西金艺印刷有限公司

开　　本：720mm×1020mm　1/16
印　　张：10
字　　数：150千字
版　　次：2020年12月　第1版
印　　次：2021年8月　第1次印刷
书　　号：ISBN 978-7-5457-2220-8
定　　价：58.00元

如有印装质量问题，请与本社发行部联系　电话：0351 - 4922268

《王家大院丛书》编委会

顾　　问　仇晓风　温述光　张佰仟　王儒杰
　　　　　杨迎光
主　　任　韩军　郭建雄
副 主 任　孙俊杰
执行主任　秦彩焰
委　　员　(以姓氏笔画为序)
　　　　　王俊才　王海琴　王儒杰　仇晓风
　　　　　尹雄卓　任虹霞　刘计亮　孙俊杰
　　　　　李雪梅　杨迎光　吴秀杰　吴秀敏
　　　　　宋旭辉　张寿桐　张佰仟　郑建华
　　　　　秦彩焰　徐伟　续晓东　温述光
　　　　　蔺俊鹏　燕俊

《规圆矩方·王家大院建筑艺术》编辑部

主　　编　秦彩焰
著　　者　仇晓风
副 主 编　郑建华
编　　辑　(以姓氏笔画为序)
　　　　　刘新　李雪梅　吴晓旭　张建林
　　　　　蔺俊鹏
美　　编　赵长发

序

秦彩焰

己亥秋，王家大院顾问仇晓风老师拿着一沓书稿让我审核并作序。作为王家大院景区负责人，为仇老师出版此书出力，责无旁贷，作序之事，却之不恭，因以命笔。

仇晓风老师原系晋中艺术学校高级讲师，从一九九一年开始研究民族民俗文化和民居古建艺术，一九九六年被灵石县人民政府聘为王家大院顾问至今。二十多年来，老先生把满腔心血倾注在王家大院，无论是古建筑修葺的指导，还是讲解词的撰写，抑或是讲解员的培训、理论文章的发表，老人家都有很大贡献。

这部书稿在洋洋洒洒之间迭见作者匠心，读之好似参与了一场趣味无穷、精彩纷呈的建筑之旅。比如中轴之美、左右对称、建筑意蕴，比如砖、木、石三雕，王家大院的匠意尽在一读之中，读者亦在去躁凝神之中得到传统建筑的知识和启发。

在本书中，读者可跟随作者的文字去追踪一个个韵味十足的亭台楼阁，甚至它们的细部构件和饰物。作者以通俗的语言描述着传统经典民居，笔尖处洋溢着古建筑鲜活而生动的气息。

仇老师对与建筑有关的家史记载亦如数家珍，正是洞悉了"天人合一"的建筑理念，院主人将身份地位、伦理纲常拉至最大，主人不同，建筑亦异。自古形成并固定下来的建筑规制、尺度、开间、高低、用料、部件、雕刻、样式，都与主人的地位息息相关。

中国的建筑是由低而高发展起来的，首先要有地面上的广度，其次才有建筑上的高度，作者在描述建筑时引经据典，要言不烦，其严谨的学术表述让人钦佩不已。

民居研究是为人民群众服务的，此书可以说是读者了解王家大院建筑文化的一本优秀读本。比如主路次路纵横交错的平面布局，间里坊甲相沿袭的方正棋盘式格局，览秦制、越周法的双阶制踏跺，品味天地大自然赐予的流风遗韵，突破吉祥图案窠臼、体现说事论史特色的装饰纹图，等等，让读者对王家大院的建筑群和家文化有了更多深刻的理解。

这个世界不只眼前的苟且，还有诗和远方。于此书，我看到了仇老师研究王家大院二十多年的辛勤劳动。王家大院不愧是中华文明史册上凝固的音符和剪影，它不是江湖中行走的不系之舟，它能够持久地为全人类带来视觉满足和精神享受。

建筑如人，人如建筑，写此小文，权作序言。

2021 年 6 月

（作者系灵石县文化和旅游开发服务中心主任、灵石县王家大院景区事务中心主任）

目 录

概　述

　　博大精深，是王家大院古民居建筑文化的底蕴，要真正了解它、精通它，不是一朝一夕可以完成的事。

　　我接触王家大院，风风雨雨已经二十多年了，它有着庞大的建筑群，建筑工艺、技术风貌十分繁杂，它继承和发展了商周以来的建筑遗风，包含了长幼有序、贵贱分等、内外有别的儒家礼制精神以及中华传统文化的审美取向、民族民俗装饰文化等方方面面，可以说这里既有文人士大夫的雅气，又有儒释道三教文化的正气，还有民间美术的俗气。就装饰本身来说，王家大院的建筑不仅有文人士大夫和画家的参与，还有美学家理论上的指导，贯穿了从南朝宋宗炳的"卧游"到清美学家李渔的"居游"，这是一个很长的历史发展过程，也是一个前进创新的过程，它把装修审美意识提高到了一个新的境界。

　　王家大院建筑是汉民族民居古建筑文化的集大成者。尽管有很多专家学者对它进行过研究探讨，并给予很高的评价，但总体来说，王家大院所蕴含的历史文化艺术价值，还研究得不够深透，有些问题并没有认识清楚、阐释清楚，比如红门堡、高家崖堡、西堡子龙文化装饰，主路次路纵横交错的平面布局，以里、坊、间、甲为单位的棋盘式住宅区的划分，体现天地大自然赐予精神境界的日月合璧，静升文庙御路石雕金翅鸟、王家孝义祠堂通向祭祖堂的双阶台阶等建筑的艺术价值……都是以前所没有被发现，也没有被研究人员认识到的很有价值的部分。因此我们说，王家大院是一座内涵十分丰富，底蕴特别深厚的古代民族民俗文化教科书，它让人们读不尽、看不完，需要不断地研究，不断地发现，不断地探讨，不断地前进。

民族民俗文化的载体
民宅古建艺术的奇葩

　　静升是山西省灵石县的中国历史文化名镇，有着悠久的历史。据考古发掘研究表明，这里有新石器时代的彩陶遗址，很早以前就有先民在这里繁衍生息。静升商代古墓群出土的大批彝器，是青铜时代早期的珍贵文物。秦汉文物更多。现在静升村尚保存有元代建筑多处，有后至元二年（1336年）兴建的文庙大成殿及其附属建筑鲤鱼跃龙门大型石雕照壁、魁星楼、文峰塔、后土庙正殿与献亭等。王家大院是保存完好的清代民宅建筑群，在中华民族建筑史上占有一席之地，是全国重点文物保护单位。

　　静升王家为太原王氏后裔，元仁宗皇庆年间由灵石沟营村迁到静升。王氏望族以商贾起家，货殖燕齐，后捐官晋爵步入官场，遂以文学

远眺王家大院古建筑群

著，以孝义称，以官宦显，成为当地工商大地主兼官僚士绅。王家修建住宅不惜工本，相当豪华奢侈。顺治、康熙年间，在静升村老街首建拥翠、锁瑞两条巷王氏住宅区，雍正年间修建崇宁堡住宅区，乾隆年间又兴建红门堡、下南堡王氏住宅区。

高家崖王家大院是静升王氏家族最后修建的一组大型建筑群，由王氏十七世孙王汝聪、王汝成兄弟兴建于嘉庆元年至十六年（1796—1811），面积达19572平方米，各种大小院落35座，房屋342间。其建筑特点是：第一，负阴抱阳，背山面水，依山建堡，随形生变，层楼叠院，错落有致。建筑借山的高下，使平面结构立体化，山则借建筑的韵律而生气势，形成山抱村、村抱田、田抱水，山环水绕，堡垒连珠，藏风聚气之势。第二，堡墙高筑，四门俱全，由三道防御线、四道封闭圈组成，沿袭了西周即已形成的前堂后室多进庭院建筑，既丰富了封闭的空间层次，又增强了安全防范功能。攻，可以进；退，可以守，处处设防，步步为营，使主人的生命财产有了可靠的安全保证。第三，气势雄

高家崖堡门

高家崖古建筑群

伟，风韵独到，主体建筑按孔孟之道中轴对称布局，院内套院，门内有门，厅堂楼阁，各异其趣。书院、花院、厨院、围院，功能齐全，成龙配套；木雕、石雕、砖雕，内容丰富，题材多样，刀法娴熟，技艺精湛。既有儒释道三教文化的正气，又有民间美术的俗气，还有文人士大夫的雅气，集民俗、民艺于一体，是清代"纤细繁密"风格的典范，堪称"一粒粟中藏世界，半升铛里煮江山"。第四，所有建筑均按封建典章制度规定和封建礼教观念建造，反映了封建社会的等级差别，表现出文人士大夫的意念和理想，形成了"秩官品位有大小，建筑档次分高低"的格局。居住场所按"长幼有序，贵贱分等，内外有别"的一整套严格规定进行分配，不僭越，不乱伦理，有章有法，等级严密。王家大院在明清民居建筑中，占有重要的历史地位。许多专家学者认为这里"可赏、可望、可游、可居"，是极富艺术魅力的民居建筑群，将之称为"华夏民居第一宅"。

封建等级观念的再现

——王氏民宅的民族传统继承性与封建等级制的规范性

封建社会士大夫官宦门第及商贾富户修建宅院，在选择"风水宝地"显示门第高贵的前提下，首先要满足起居生活安逸舒适的需求，同时要保证能够防盗防匪，做到坚固安全。王家大院处于负阴抱阳、背山面水的北山坡上，北边是层次深远、高大、雄伟的天然屏障，背山可以迎纳阳光和温暖的气流，面水可以迎接夏日的凉风，向阳可以采纳良好的日照，缓坡可以避免淹涝之患，整体形成了一个良好的小气候。

王家大院由堡门、堡墙、前院、中院、后院组成四道封闭圈。第一道封闭圈由围院、堡墙、堡门组成，第二、三、四道封闭圈则是按西周即已形成的，带有音乐节奏感的，前堂后室三进四合院的规格建造（见《陕西岐山凤雏村西周建筑基址发掘简报》，《文物》1979年第10期）。这样的建造规格形成了前低后高，具有足够景深、参差错落的中轴对称轮廓线，创造出既能满足主人对外接触交往的空间，又能

乐善堂鸡门

满足一定隐匿性、私密性要求的日常生活空间，整体建筑有主有次，有藏有露，充满空间秩序感。在这里，各种层次的建筑，组成一个空间序列，空间有开有合，视野有大有小，视点有高有低，视角有仰有俯，视景有分隔有联系，

砖雕壁心"狮子滚绣球"

调和对比，变化统一，形成不同的节奏感，激发不同的审美情趣。

中轴对称的建筑格局，或非绝对对称的均衡格局，又与中国儒家的中庸之道礼教观念相联系。如十七世孙王汝聪的住宅区，总体结构是按坎宅巽门、前堂后室、中轴对称、不偏不倚的中庸之道建造，大门前有高大的照壁，是一个引入空间，恰似音乐的序曲。大门一间三架，前院东西配房及门房，为管家、管账先生等高级仆人居所，是向社会交往的空间，因此，是一道开放性的封闭圈。北房为高级客厅，三间七架结构，是第二道封闭圈。客厅后是一"条带小院"，为第三道封闭圈，这是一个联系与分隔前院与后院的过渡空间，好比音乐的小节线。穿过小院北面的垂花门，是主人的生活区，具有很强的隐匿性、私密性，是最后一道封闭圈。其上房是长辈们的卧室，东西两厢楼房，一层是晚辈们居住，二层为小姐们特设。正房上的北楼，则是按"仙人好楼居"的风俗习惯，供奉祖先阴灵的神龛。神龛后边是围院，设有三道防卫线，是家兵家丁居住区。与主体建筑并列的是厨房和书塾，形成非绝对对称的均衡格局。厨房前后七道门将厨院分隔成上、中、下三个等级，不同等级的人，走不同等级的门，在不同等级的餐厅吃不同等级的饭。如意门

东侧是书塾，"门侧之堂，教人之所"，是小少爷们的启蒙书房。

　　王家大院的这种布局格式，在封建社会宗法礼教制度下，便于安排家庭成员的住所，使尊卑分等，贵贱分野，上下有序，长幼有伦，内外有别，男女归位。王家大院的整体建筑格局充分显示了建筑的时代性、社会性、民族性，同时呈现出建筑在传统基础上的变易性、平衡性、保守性。

外立于象　　内凝于神
——饱浸乡风民俗的建筑装饰艺术

『鹿鹤同春』砖雕看面墙

　　王家大院的建筑装饰，可以说是清代"纤细繁密"的集大成者。石雕、木雕、砖雕，分别装饰着斗拱、雀替、挂落、栋梁、照壁、廊心、柱础石、匾额、帘架、门罩等各个方面。体裁多样，内容丰富，圆雕、半圆雕、高浮雕、薄肉雕、镂雕、平面阴线刻、剔底起突等应有尽有。雕刻题材有岁寒三友、四季花卉、鸳鸯贵子、二十四孝、海马流云、吴牛喘月、封侯挂印、加官进禄、安居乐业、喜上眉梢、功名富贵、麒麟送子、狮滚绣球、一路连科、竹梅双喜、麟吐玉书、佛家八宝、民间杂宝、明暗八仙、四艺四逸、福禄寿三星等，基本上达到了"建筑必有图，有图必有意，有意必吉祥"。造型儒雅大方，庄重严谨，古色古香，层次分明，简洁有力，画面充盈，紧凑饱满。这些装饰大量采用了世俗观念认可的各种象征、隐喻、谐音，甚至用了禁忌的艺术形式，在民间艺人、文人士大夫、画家的参与下，创造出饱浸着乡风民俗的，新鲜活泼、丰富多彩的，并为世人喜闻乐见的民居装饰艺术，成为中华民族传统文化的重要组成部分。

就以王汝成的住宅区来说，门前砖雕照壁为仿木结构，拱垫板雕以四季花卉，壁心为五蝠捧寿。门前石雕上马石，刻有封侯挂印、辈辈封侯。大门次间看面墙砖雕鹿鹤同春，画面8.18平方米，高浮雕刻出，构思精巧，造型奇特，鹿奔松林，鹤立寿石，鹿回头，鹤唳天，鹿、鹤一呼一应，神态十分生动，其内涵是：九州海晏，国泰民安，六合之内，春光共浴。鹿回头喜迎春回大地，鹤唳天呼唤春神早来。鹤飞在天示阳，鹿奔大地示阴，阴阳交合，否极泰来。门前石雕狮子高1.3米，底座雕以琴棋书画、佛家八宝、道家八宝、民间杂宝。从中门入院后，有仪门、左右门房东西配房，四周穿廊上镂刻翼拱达60对之多，内容有天

王送子、仙鹤庆寿、状元游街等。瑞兽有麒麟、狮子、夔龙、仙鹿，吉祥花果有仙桃、石榴、佛手等。穿廊成了翼拱艺术长廊。大厅前的

"玉堂安居"帘架局部

垂带踏垛，雕以鸳鸯、菊花、锦鸡、芙蓉，意为五德俱全，并有傲霜御雪的志气。大厅过门石为玉堂富贵，帘架架心为福禄寿三星，边框为暗八仙。大厅前檐柱头彩画是出将入相，大有"侯门深似海"的神秘感。大厅后是雕刻精致的垂花门，这是三进后院，为主人的生活区。这里的三雕艺术，百花齐放，群芳争艳，墙壁开花，庭院生辉。雕刻精致的高160厘米、宽60厘米、厚30厘米的10块墙基石，分别砌在正窑、厢窑腿子上，上面刻有五子夺魁、指日高升、吴牛喘月、海马流云以及二十四孝中的"汉江革行佣供母""唐夫人乳姑奉亲"等。这些石雕造型生动，构图谨严，十分讲究对称、呼应、虚实、明暗、刚柔，有很强的立体感、空间感、节奏感、韵律感，既坚固实用，又美观大方。东西绣楼槛墙上，有高1米的砖雕，以道家八仙为主题，间以瑞兽、吉祥花果。砖雕中的八仙，浑厚中有灵气，古朴中有典雅，构图有开有合，简洁大方，各具性格特征。如蓝采和的善良耿直、张果老的老态龙钟、汉钟离的朴实无华、韩湘子的宽广豪放……显示出高贵门第的神仙降临，寿康永续，万事亨通，造成一种喜气临门的气势。

王家大院民宅建筑装饰，不仅有文人士大夫和画家的参与，而且有美学家理论上的指导。清代著名美学家李渔在《闲情偶寄·居室部》中

提出"尺幅窗""无心画"和"以山水图作窗""以梅作窗"的审美观点，"是山也可以作画，是画也可以作窗"，"坐而视之，则窗非窗也，画也，山非屋后之山也，画上之山也"。李渔这种"当窗如画，窥窗如画"的艺术构架，使房主人足不出户即置身于美景之中——"丹崖碧水，茂林修竹，鸣琴响瀑，茅屋板桥，凡山居所有之物，无一不备"。这种美学观点被后人称为"居游"。王汝成住宅区后室窗户，是李渔美学观点的实践，有浓郁的南方风格，设计新颖别致，国内罕见。由凤凰戏牡丹、喜鹊登梅、琴棋书画、一品清廉、修竹劲松等数幅图画组成的窗户小景，取代了窗棂，使后室之中有虚有实，有情有景，且化实为虚，化景物为情思，显示出无穷的情趣。"会心之处不在远"。如果你用一双慧眼来这里观光游览，过目之物尽在画中，入耳之声无非诗料，窗棂上所体现的鸟兽花卉，山色水景等诗情画意，使你对窗观景，虽身居深宅后院，也可以畅游六合。开创中国山水画论的南朝宋宗炳，遍游庐山、荆山、巫山，在游览中陶冶性情，开阔胸襟，含道映物，澄怀味象，起到了畅神教化作用，思想得到了静化。后来宗炳人老又多病，名山大川难以再游，便把游过的山景水色，画在绢帛上贴于屋内墙壁"卧以游之"。正如老子所说："不出户，知天下；不窥牖，见天道。"

桂馨书院月亮门

居移气，养移德。王家大院把众多的吉祥寓意图案，经过艺术加工制作，精密细致地装饰在建筑主体上，使人想到宗炳的"卧游"，想到李渔的"居游"，把审美和至上的道德追求结合在一起，在起居生活中形成一种有节奏、有法度、有理想、有探求的行为规范，在娱乐中受教育，在娱乐中陶冶性情。王家大院的三雕艺术，给人以深厚、朴实的感觉，它的每一只雀替，每一道额枋，每一块柱础石，都是一组精美的艺术品，给人以丰富的想象。可以说，"片瓦有致，寸石生情""外立于象，内凝于神"，既有具体生动的形象造型，又寓以一定的哲理内涵，可谓"居于儒，依于道，游于禅""仰则观象于天，俯则观法于地"，充分显示出文人士大夫的雅气，儒释道三教的正气，民间美术的俗气。把汉民族历史上积淀下来的风俗习惯、宗教信仰，结合主人的美好愿望和理想，都寄托在仙人瑞兽等吉祥物上，创造出一个立体感很强的艺术空间。当人们欣赏到这些精美的雕刻艺术时，不仅消除了高墙深院的禁锢感，而且增添了生活的兴致和美感，坚定了对现实生活的热爱，激发了积极向上的意志。王家大院建筑装饰艺术，不论从哪方面讲，都是雕刻艺术的上乘之作。

桃源深处怡心身

——别有洞天的花院书斋

与左右对称、严肃整齐、人事纷杂、空气沉闷的四合院大不相同的是位于王家大院西边的花院书斋。这里是主人养性修身、研究学问、探讨知识的地方，也是大少爷们读

"探酉"手卷匾额

书深造的圣地。其陈设图书四壁，充栋连床，钟鼎彝尊，古色古香。令人一入此间，便忘尘俗之缤纷，而飘然有凌云之志，故"探酉""映奎"苦磨意志，"蟾宫折桂"翘首在望。

书斋、花院，院落杂错，连环紧套，这引人探幽入胜的空间景观，关窍全在门的巧设和意匠之巧妙构思。五个月洞、垂花门，方中套圆，圆内有方，大环套小环，小环接

司马第门内之半亭

大环，环环紧扣，方圆互衬。错落复杂的循环往复路线，使人入院后往而复返，无终无尽，如入迷宫。同一个院落，由于有东西南北上中下几道形状相似而又同中有异的不同门路，改变了视觉方向，使同一景观给人以不同的审美感受。刚刚游过的院落，却因门的方向改变，而"不识庐山真面目"，使人欣然自喜，以为又发现了"别一洞天"。这种隔而不绝，虚虚实实，使书院、花院之景互相借用，处于有隐有显、有藏有露的空间，使人难以测其深浅、究其始终，因而更加引起探幽觅胜的兴趣，形成往复无尽的空间景观。"一勺水亦有曲处，一片石亦有深处"，往复无尽的空间，使花院由近及远，以小见大，有散有聚，聚散结合。花院中的精舍，在院的西北角，以地偏为胜，以借景为精，其小阁楼宽不过十笏，高不过一仞，人站在阁内，头顶撞梁，肩擦门楣，三人即可塞满阁堂。但小小的窗轩却能够"近取其质，远取其势"，组成一幅有

空间层次的景观，近可以观"瞻月亭"，远则赏"文笔宝塔"霍山雪巅；仰观绵山奇峰，层峦叠嶂，平视深山藏古寺，层云绕梯田。仰观俯察形成多层次的立体轮廓线，增加了风景的深度。宋代画家郭熙在《林泉高致》中提出的平远、深远、高远的山水透视境界，加上鸟瞰俯视的垂直透视效果，使人不下堂筵即可得山林野趣之美。可谓"云山万叠犹嫌浅，茅屋三间已觉宽"。花院的瞻月亭和东堡门上的观日阁，四面阙如，八方无碍，斗拱迭出，翼角腾空，可以游目骋怀，极视听之美，东可望绵山日出，西可观"苏溪夜月"，是指点江山、游春赏景的最佳位置。在这里，可以与天地共吐纳，达到"天人合一"的至善境界：山水日月，"玩之几席之上，举目而足"。有了这个空间，"可坐，可卧，可箕踞，可偃仰，可放笔砚，可瀹茗置饮"。这种偏离大院、别有洞天的世外桃源，与道家的回归自然，佛家的出世哲学，陶渊明式的空想社会美学观点以及儒家的礼教观念，有着密切的联系，成为传统的庭院风景线。

（原载中国艺术研究院《美术观察》1997年第十期）

主路、次路纵横交错的平面布局

　　静升王家所建五堡中，地处村北阳坡上的，有红门堡、崇宁堡（按
方位则称西堡子）、高家崖堡。主体建筑坐北朝南，左右对称，以中轴
线为主，向纵横发展。它的取正方位，是以儒家中庸之道思想为主的平
面布局。这种布局格式，被大方家郑孝燮老前辈称为"路"。这里的路
在建筑物中指的是建筑体，不是道路的路，而是指区域的划分，继承了
商周时期就已形成的前堂后室格局。但这只是就一个前后串连的院落而
言，郑老所说的"路"，则是在前后串连的院落中，又有和主体院落平
行的向左右发展的建筑群。这种建筑群在现在已开发的红门堡、高家

1998年6月13日，作者（右一）陪同中国城市规划专家郑孝燮（左一）考察王家大院

崖、崇宁堡中多次出现。

高家崖堡属于多路建筑,有两主路、四次路,或称两正四副。老大王汝聪的乐善堂和老二王汝成所建的敬业堂,均为一主一次,主路前后三进,向纵深方向延伸,有倒座、正厅、后室三处高档次的建筑。主路的左侧为东路,有书房(私塾)、库房、厨房三座院落。虽然主路和次路的院落之间有很大的差别,但在路与路之间,既有纵向的连接,又有横向的联系,成为一个互相交叉的交通路线网。中路和东路之间,还有一条曲折的小巷道,将主路和次路分隔开来,转弯抹角,一直通向后院。敬业堂东路的巷道前为如意门,门的上框雕有"大夫第"匾额一块,并有木雕"青云直上"纹图。如意门和仪门之间,有门房一间,和书房同院不同门。

书房、门房古时候通称之曰"塾",书房也叫私塾,是清末以前大户人家教育子弟读书学习的地方。《礼记·学记》:"古之教育,家有塾,党有庠,术有序,国有学。"按照钱玄等专家的解释,古时候以二十五家为闾,同在一巷,巷首有门,门侧有屋,屋谓之塾,百姓出入就教于塾;庠,五百家为党,党设立的学校叫庠;术,通"遂",一万二千五

敬业堂府第门

百家为遂，遂的学校叫序；国有学，是说一国则设学。后来只要是有钱人家，哪怕只有一个孩子，也要设私塾请老师教授。"塾"之另一种内容是宫门两侧之房屋，为臣僚等候朝见皇帝之处。《三辅黄图·杂录》："塾，门外舍也，臣来朝君，至门外，当就舍，更熟详所对应之事，塾之言熟。"敬业堂同院不同门的门房受皇宫影响，也叫"塾"，如果客人来访，看门人先让客人在门房稍等，自己

养正书塾"岁寒三友"石门框

去禀报主人，让主人有所准备，然后约定会见时间和地点，（贵重客人在前堂，一般客人在东西厢房或倒座）。王家大院敬业堂这种建筑格局，在其他地方很少见，就连老大"乐善堂"的如意门旁，也只建有书房之塾，没有门房之塾。因建房时老二王汝成为"诰授奉政大夫布政司理问加三级"，而老大王汝聪则仅为"军功议叙州判增贡生"出身。

门塾向后是书塾，石雕翠竹石门框，喻虚心向上，节节高升，石门框上为岁寒三友，下为寿石盘根。清郑板桥说"竹君子石大人，千岁友，四时春；石依于竹，竹依于石，野草靡花，夹杂不得"。再往后是90度的急转弯，当你怀疑是否进入死胡同时，"山重水复疑无路"，前边出现一通砖雕座山影壁，上雕仙鹤口衔灵芝展翅欲飞，顿时出现了"仙鹤引路指明径"的转机，让你大胆放心地往前走。从"仙鹤引路"

砖雕照壁左折，是中路前院通向巷道的腰门，博风板上雕有"刘海戏金蟾"的吉祥图案。传说刘海是上八仙之一，金蟾兆财富，得之能使人发财致富。因此其内涵是钱、是富、是吉祥。又因它位处主院左侧腰门之上，左侧开门又有横财到手、大吉大利之寓意，因此这门、这金蟾是在向主人祈福祝吉，寓发财致富。砖雕博风板上的金蟾绝非偶然为之。再向后，是精美的石雕土地祠，也叫福德祠，人们认为土地会给人带来福与德，故称。土地祠东侧砖雕照壁博风板上，又雕有"鱼跃龙门"图纹，它的本义是鱼变龙，含有冀望子弟金榜高中、化卑为尊的通达愿望，因此这鱼表现的是官、是禄、是文、是飞黄腾达，鼓励子孙奋发图强，努力向上。就这样东折西拐，最后才进入完全封闭的后室空间，真可谓"路路开花""巷巷生辉"，曲曲折折，渐至佳境。

敬业堂西边两路，是书院和花院。这两路建筑，书院较整齐规范，前后三进，左右对称，前院有东西月亮门，南为倒座敞厅，通过十字花径直入中院，然后再进后院。由装饰有"文阶石"的大门到后院书房，要经过三组阶梯式的台阶，每组台阶又有三个踏步，共九个踏步，称为"连升三级"。"连升三级"有两个含义，一是学子由解元、会元直至状元，科考连连及第；二是清朝政府规定，凡在职官员政绩突出者，给嘉奖一次，称为纪录，嘉奖三次者便晋升一级，这三组九个踏步，正是纪录九次连升三

"三公三孤"门枕石

精舍前院月亮门

级的显示。书院西边又有一路，前后三进，是梦笔花院，由于地形的关系，建筑不很规整，有瞻月亭、垂花门、月亮门、精舍、花房、花窖等。垂花门内无甚建筑，往年间只植有翠竹数株和盆栽花卉，因此呼之为花院。从花院向后看，高高的月亮门下，有石踏步五阶，人们拾级而上进入月亮门后，如登云梯升入月宫。这里是王家主人讲解经书、著书立说的精舍前院，房屋朴实无华，小巧玲珑。正面有带檐廊的小窑洞三孔，东西瓦房各三间，是为花房。因房屋入身浅、光线好，供冬天贮藏养花专用。小院西北角有一更加狭窄的小院，有南房北房各三间。南房小屋只有十笏之地，头撞屋梁，肩擦门楣，一张床，一张桌，一把椅，经、史、子、集古书数卷，可谓简陋之极，狭小之极，然正合古人"幽曲不宜宴张，宏敞不宜著书"格言之意蕴，或者说屋小可以凝聚人气。有意思的是清雍正皇帝养心斋西边也有一间小屋，是雍正看书休息的地方，雍正的小屋比王家精舍大不了多少，且方位气场完全相同。屋小气聚有利于身体，因此，这里是主人修身养性、著书立说之精神宝地，取名"精舍"，名副其实。精舍，对儒家说，是学舍，是书斋，是习经书、明礼仪之地。对道家释家说，则是道士、僧侣修炼、居住之所。精舍的本来含义是指心斋，《管子·内业》云："定心在中，耳目聪明，四肢坚固，可以为精舍。"注曰："精者心之所舍也。"这和修身养性、著书立说表里一致。高家崖西二路和东二路相比，内容丰富得多。西二路花院西南角，还有一条窨藏式的地下通道，明为花窖，实为暗道，下有砖券窑洞两孔，南向的墙壁上，有坚固的石棂窗和门道，可通风引光进室，和平年代冬天供贮藏花木，使其不受冻害，春天再移出搬到花院，浇水栽培。战乱年代兵荒马乱，盗匪四起，若有歹徒纠集，围定堡子，则死棋还留一只活眼，家人可以通过暗道远走高飞，逃之夭夭，化险为夷。在花院可通过踏道直登瞻月亭，夏天可在亭内弈棋品茶乘凉，秋八月望日则可以观星赏月，景观十分宜人。

　　书院和花院之装饰，更是形简而意深，令人回味无穷。敬业堂养正书塾倒坐二楼，西路书院倒坐敞厅以及敞厅对面的扇形窗户上，均为古朴浑厚、庄重威严的竖条窗棂。古时用来组成门窗格心图案的木条，称为"棂"，这"棂"与"龙"谐音，一条条直棂窗棂就是一条条龙。另外，书院一进门内有石雕龙纹照壁，上有夔龙十二条，这是一种有形的龙，是通过视觉就可以感觉到的龙。不管是哪种龙都有望子成龙、鼓励人们向上腾飞之寓意。同时，一根根垂直的窗棂，又像是一根根垂直的笔管，寓梦笔生花，或妙笔生花，望子孙才华横溢，文思敏捷。无独有偶，早在明代园艺学家计成所著的《园冶》一书中，就创绘出了笔管式木栏杆图样——直棂格和笔管窗棂格式，显示出深层次的内在联系。其实直棂窗早在汉代就已经很流行了，历史非常悠久，尽管后来人们认为直棂窗格有如牧马场圈马的栅栏，多不采用，但王家不这么认为，他们所以保留直棂窗格不变，一方面显示出朴实无华传统风格，另一方面则是让儿孙循规蹈矩，按孔孟之道做人，教育后代在书房内修身、齐家，然后达到治国、平天下的宏伟志向。

便面直棂窗

书院后室正面有书房三间，一明两暗。其窗棂精雕细刻，造型生动，寓意深厚。明间雕以"福禄寿"三星，又称"福禄寿"三神。在民间流传最广泛的福神是天官，最尊，他是道教的紫微帝君，职掌赐福，吉祥纹图有"天官赐福"或"受天福禄"的诰命轴。禄星原为职掌文运禄位的星神，亦称文昌文曲星，主文运兴衰。明清时代禄星又变为魁星，称为"魁星点斗，独占鳌头"，是掌管人间一切功名利禄之神。拜魁星则是祈求文运通达，仕途得意。福星原也为星名，后来附会为神仙名。寿在古人心目中占有重要地位，《尚书·洪范》将寿列在五福之首，后来寿星被奉为南极老人星，职掌国运长久短暂。因此，历代皇朝都把寿星列入国家祀典。

书房东西两暗间天窗各雕五只蝙蝠，它们在祥云缭绕下，捧着一个大大的"囍"字，十分耀眼。如果你不了解这"囍"字的内涵，会有疑问：书房并非洞房花烛，为何将"囍"字雕在这里？这个典故出自王安石，传说不同，对联也非一幅，据传王安石上京科考途中，遇一马姓富贵人家悬联招婿，上联为"玉帝行兵，风枪雨箭，雷旗闪鼓，天作证"，并标明，若有才人对上下联便可被招为东床。安石因科考在即，来不及思考，只是将上联默默记在心里。到京开考收罢试卷后，主考官又以"飞虎旗"为题出对曰"龙王设宴，月烛星灯，山食海酒，地为媒"，要求考生对上联。安石灵机一动，将招亲上联对科考下联，赢得考官青睐。安石回家再过马家门口时，择婿上联仍在，无人应对，安石又以京城试题上联对马家招亲下联，被马家招为女婿。喜结良缘之时，喜报传来，王安石高中状元，喜上加喜，就在洞房的"喜"字旁又写了一个斗大的"喜"字。有诗证曰：

金榜题名洞房夜
小登科遇大登科

过去称结婚为小登科，新郎可穿九品官服，新娘可戴凤冠，但只限三只，这就是王家书房雕"囍"的用意所在。

五福双喜窗棂

敬业堂主路建筑群与西路书院建筑群之间，也有一条巷道分隔，不过这条巷道被石雕卷草龙影壁所阻挡，从书院"珠媚玉辉"门外向门内巷道仰视，则夹巷借景，一线通天，巷内由于影壁遮拦，藏中有露，隐中有显，有如云中看日，雾里观花。影壁后有一甬道，悄悄地把书院和敬业堂前院沟通，形成一道扑朔迷离的风景线。若从书院东月亮门外观看瞻月亭，更是喜色迷人，有如琼楼玉宇之幻景展现在天空，若有人在亭内品茗弈棋，则又似嫦娥、吴刚畅饮桂花于月宫，好一片神话般的仙景！

书院东月亮门石雕对联一副，上联为"河山对平远"，意为绵山和静升河景色相对，平夷阔远；下联是"图史散纵横"，是说文史经籍交错，既多且古。横批为"映奎"，有望子孙攀登魁首、跳跃龙门之意。西月亮门上联为"篱簌风敲三径竹"，写竹景与历史人物蒋诩的故事。西汉末年王莽专权，兖州刺史蒋诩告病辞官隐居，荆棘塞门，于院中辟三径不出，唯与求仲、羊仲往来悠游，后常以三径指家园。下联写"玲珑月照一床书"，写书院月景与所藏经籍之多。横批是"探西"，是借用秦书生避秦始皇焚书坑儒之患，携带竹简逃往湖南酉山避难，藏书于西室，仍不放弃学习的历史典故，同时也点明建筑的主题是书院。穿过"珠媚玉辉"门和月亮门后，才是书院的正式大门，一间三架，门匾为"桂馨"二字，取科举及第、月宫摘取桂冠之意。大门前有素面文阶石一对，类似上马石，但比上马石小，此石为清政府文官门前必立，是象征文气的文化小品。大门两旁门枕石上各雕一大二小石狮三只，左三只寓三公（太师、太傅、太保），右三只寓三孤（少师、少傅、少保）。南宋学者蔡沈《集传》曰："公论道，孤弘化，公燮理阴阳，孤寅亮天地。"《明史官职志》说："三公三孤掌佐天子理阴阳、经邦弘化，其职至重。"意思是说，三公三孤地位至关重要，三公论道经邦，管治理国家和谈论治国之道，三孤辅助治国，弘扬德化，三公辅佐天子调理阴阳，调养元气，三孤敬信天地之教化，辅佐国王治国。《明史官职志》还说："三公正一品，三孤从一品。"可见书院要培养的是经邦治国的栋梁之材。有了经邦治国的志气，还得有通向经邦治国的门径，大门内东西两侧腰门"此君额"和"册页额"，揭示了刻苦学习增长才智，争占鳌头，才是唯一正道。

东腰门石匾额形状为此君匾，匾文为"笔锄"，是说书院学子要在砚田里勤奋耕耘，才会苦尽甘来，平步青云。西腰门通向花

「汲古」册页匾额

院，石雕匾额形状为"册页"，匾文为"汲古"，并附录司马文正公五言古诗一首：

吾爱董仲舒，穷径守幽独。所居虽有园，三年不游目。
邪说远去耳，圣言饱充腹。发策登汉廷，百家始消伏。

汲，指从井中一桶一桶向上打水，古指古籍，泛指经、史、子、集诸类书籍。"汲古"意为学习古人像打水一样，一点一滴从古书中吸取知识。怎样汲取，董仲舒是榜样，董"藏修""息游"，三年不去观赏自己的花园，终于发策登汉廷，废黜百家，独尊儒术，成为汉武帝之鼎臣。汲古和五言古诗告诫子弟，书院旁边即是花院，要像董仲舒那样，不贪恋花草，一心读圣贤书，远去邪说，饱充圣言，才有前途。

花院前院之瞻月亭前方，有一小小平台，台四周及踏步均有石雕栏板围护，栏板望柱上雕有十二生肖图像。十二生肖之生，指出生之年，肖，指相似、像。十二生肖是以十二种动物来表示人的生年，如牛年生者肖牛，马年生者肖马等。民间则称生肖为"属相"。之后，十二属相与十二地支相配，又称为十二辰，从子鼠、丑牛类推至戌狗、亥猪。道教中有六丁六甲十二神将，它和二十八宿、四值功曹、三十六天罡、七十二地煞，都是道教的护法神，威力无边，可以"行风雷、制神鬼"，驱妖除祟，趋吉辟邪，属北方玄武大帝所统率，听从玉皇大帝调遣。这十二战将绘在战旗上，就有了兽首人身之武将形象。六丁神将为：丁卯神将兔首人身，丁巳神将蛇首人身，丁未神将羊首人身，丁酉神将鸡首人身，丁亥神将猪首人身，丁丑神将牛首人身。六甲神将为：甲子神将鼠首人身，甲寅神将虎首人身，甲辰神将龙首人身，甲午神将马首人身，甲申神将猴首人身，甲戌神将狗首人身。这些生肖战旗，既能指挥军令，又保将士平安。另外在历史上还有十二生

瞻月亭前十二生肖栏杆

肖铜镜，可照妖祛邪；十二生肖"厌胜钱"，可压伏邪鬼；十二生肖年画、十二生肖窗花剪纸，可庆幸全家福寿康宁、吉祥如意、万事亨通。古时人们有祭星的活动，年正月初八日向自己的本命星烧香叩祭，谓之"拜顺星"，期望在"坎儿年"或称"本命年"平平安安、顺顺当当。据此，我们说高家崖花院平台望柱雕十二生肖相，有

砖砌『玉璧』

驱妖魔、避邪恶的吉祥含义。这是中华民族民俗文化艺术的组成部分之一，它有造型艺术的观赏美，成为王家大院一道亮丽的风景线。尤其是十二属相平台与瞻月亭连在一起，相辅相成，更是情趣盎然。游人既可在这里参拜自己的"顺星"，保旅游一路平安，起到精神上的安慰作用，增加对美好生活的向往，又可站在平台上观赏王家壮丽的建筑艺术群和绵山秀丽的风景。

十二生肖平台下，是一砖券小窑，东向墙壁上有砖雕镶嵌的直径一米八的玉璧图纹，造型古朴典雅。璧，是古代一种重要的礼器。《周礼·大宗伯》有"苍璧礼天，黄琮礼地"之说，《说文》曰："璧，瑞玉圆也。"郑玄注曰："《周礼》云：璧圆像天。"《尔雅·释器》："肉倍好谓之璧。"邢昺疏："肉，边也，好，孔也。边大于孔者，名璧。"高家崖花院之砖砌玉璧独特之处是"好"边圈又加了一方正几何形，它体现的是天圆地方、阴阳合德、天地交泰、化生万物。《白虎通》说："所以作礼乐者，乐以象天，礼以法地。"这是说天为圆，地为方，乐象天，

礼法地，无规矩不能成方圆。璧之肉，圆，象天象规；璧之好，方，法地法矩，它教育启迪后人坚守正道，外柔（圆柔）内刚（方直），才能立于不败之地。这样一来，天圆地方，曲直互辅，规天矩地，刚柔相推，礼乐相济，才能达到礼制化、伦理化、秩序化的目的。

　　中路与东西二路或多路建筑格局，是在周制的前后三朝基础上发展起来的。三朝指外朝、内朝、燕朝。周朝天子诸侯皆建有三朝，外朝一，内朝二，内朝在路门内也谓之燕朝。宋叶梦得《石林燕语》卷二曰："古者天子三朝，外朝、内朝、燕朝，外朝在王宫库门外，有非常事以询万民于宫中，内朝在路门外，燕朝在路门内，盖内朝以见群臣，或谓之路朝，燕朝以听政，犹今之奏事。"秦汉开始，以"东西三堂、南北二宫"取代了周代强调的三朝制。隋唐的宫殿制开创了新的局面，将宫城纵向的矩形向纵深发展，而为向横向发展，成为"三朝"与"两宫"的组合布局，便形成了三路、四路甚或多路的建筑格局。我们说皇

石雕影壁［四龙捧寿］

宫与民间建筑，向来都是相互影响、互相学习，取长补短，有些在民间流传的东西后来流入皇宫，也被皇宫采纳运用了，民俗吉祥文化最为突出，几乎是官民共有。皇宫里有些东西，也可以流向民间，但档次很不相同。比如龙的形象，首先在民间流行，而后进入宫廷，成为皇帝之专利，但民间仍有龙形象的存在流传，不过式样有很大的区别，皇宫用的是五爪二角鳞身龙，民间则是一足夔龙、一角螭龙或卷草龙、拐子龙。民间画师若画五爪龙便是欺君罔上，有杀头的危险。宫廷及官员建筑中的路，和民间建筑中的路，也差异很大，不仅有等级的限制，且有严格的典章制度规定。清江南一家王姓巨商，超规建造了一座"三槐堂"大厅，被清地方官员发现后，改为"茅厕厅"。王家大院的建筑群，虽有二路、三路、五路乃至于六路者，但都在清政府规章制度所允许的范围之内，并无僭越，房屋不超过一百间，高家崖虽是六路，但那是兄弟二人两个单元，类似北京联立式四合院，主体是一主一副，次路是厨房、书房、库房，不是什么殿堂，西路是书院、花院，更和殿堂沾不上边。因此我们说王家大院前堂后室的民居建筑，是继承商周平面布局的典范，东西路的建筑，也只是和日常生活有关的使用房，虽然也有三进、四进建筑，但并非前后三朝、左右二宫建筑。它只是从皇宫流向民间，建筑档次很低的民族古老建筑群。

间里坊甲相沿袭的方正棋盘式格局

　　红门堡建筑群，始建于清乾隆四年（1739），乾隆五十八年（1793）全部完工，历时五十四年，是一座完全封闭的城堡式建筑群。在修建期间，修修停停，停停修修，边备料边建筑，并非一气呵成，但方正纵横道路的整体规划，有利于分期分批建筑，因此虽前后相隔半个多世纪，风貌特征却基本一致。

　　秩官品位有大小，居住建设分档次。虽建筑时间始末相差五十年，但没有丝毫混乱现象出现，等级井然有序，有条不紊，四品、五品、六品、七品以及没有官位的诸生，住所各不相同。堡周长840多米，南北

鸟瞰红门堡

红门堡正门

纵向略大于东西横向，堡墙周边有垛口，四角有角楼，角楼与角楼之间筑有马面，马面上又建有十字券棚歇山顶敌楼，出于防御，马面敌楼与角楼之间的空间，均在弓箭射击范围之内的空间。南堡门为三间带抱厦的歇山顶门楼。堡内建筑由中轴对称的主道向纵深方面延伸，分上下四甲，一甲又称底甲，四甲又称顶甲。每甲横向左右巷道和纵向的前后主道，呈十字交叉，除顶甲外，二甲左右巷道又和东西堡门衔接，东通高家崖，西接崇宁堡，一旦有外来侵犯者，可相互援助，便于防范。歹徒进攻西堡子，红门堡可出西门救援夹击，若歹徒围攻高家崖堡，则红门堡又可出东门歼击。如果歹徒攻打红门堡，则崇宁堡与高家崖堡，可两面夹击，里应外合。这样就形成了乡镇联防军事上的三连环紧套，万无一失。红门堡象征龙，崇宁堡象征虎，高家崖象征凤，三者呈龙飞凤舞虎卧西阙之雄伟气势，三神兽神鸟一字排开，形成一面铜墙铁壁的大屏障，不仅自卫自防，还保护静升镇，使其安然无恙。

红门堡四个甲，把整个堡切分成七个方块。顶甲只有一排，呈东西长方形，有五个建筑单元，东西横道与主道形成丁字形，方正谨严，轴线明确，方方正正，层层叠叠，甬道贯通，高低错落，层次分明，甲与甲之间的递进关系也清晰规整。这种方格棋盘式的建筑，与隋唐长安城十分相似。古建筑专家张钦南先生，

红门堡空中花园一角

在他所著《中国古代建筑师》一书中说："我们今天在山西灵石王家大院红门堡看到这种模式数制，它把矩形围墙内的面积，用'王'字形的纵横街巷切割为88个院落，每个院落内可以按主人愿望进行建造，而不受格式和时间的限制。这种规划思想可以说起源于宇文恺对隋大兴城的规划，并被长安所继承成为长安城里的坊，也被民间所继承。"这就是说，隋唐规划模式一直流传在民间，今天我们在王家大院红门堡、崇宁堡乃至下南堡，仍然可以看到其端倪。

红门堡前有一条巷，至今人们仍称之为"上坊里"。红门堡有三个大夫门第，建造得比较讲究，前堂后室，主路次路，书房客厅，一应俱全，完全是按照封建礼教规则建造。更有历史研究价值的是，高家崖敬

业堂王汝成大夫第宅院，与二十世纪七十年代发现的陕西岐山凤雏村西周甲组建筑基址平面图基本吻合，即都有影壁、东西门塾、中庭、前堂、后室、东西厢房，等等。这就是说，王家前堂后室建筑平面基址，早在三千年前就已经出现了，王家建筑有它的古老历史渊源。其他的院落则是按户主的意愿进行建造，充分显示了等级品位关系。整个堡内有高度的统一性、规整性，而对每户来说，又有很大的灵活性。他们为自己建造的居住空间，有档次，有艺术，有思想，有文化，更有鲜明的历史传承性。

我们先看看历史上"间""里""坊"是如何演变成"甲"的。早先古代城市居住区的基本单位叫作"间里"，后来称为"城坊"，"坊"和"里"都是由道路切割出来的街区，大小面积相等，呈棋盘式的格局，因此出现了以"里""坊"为基本单位的布局。《周礼·地官·大司徒》："令五家为比，使之相保，五比为间，使之相爱。""比""间"为古代户籍编制的基本单位。到了汉代，则以街区为"间里"，四里为一市，"市楼重屋""以察商贾货物之买卖事"。静升王家为商贾出身，受此影响，红门堡、高家崖、崇宁堡，大都是重楼叠屋，看家护堡。村里街市买卖铺面也有重屋者，今日还存在的静升西街银楼便是。到后来曹魏

为优生王梦鹏建造的『品行兼优』木牌坊

的邺城、北魏的洛阳，一直以"闾里"为居住区的基本单位。城市街区，汉称"闾里"，隋称"里"，唐称"坊"。唐代的"坊"开十字街，四出趋门，自成一体，"坊"有坊墙坊门，本身就是一个小城市式的单位，十字街就是居住区的主支干路。

红门堡、崇宁堡建筑群，完全符合唐代长安城的建筑布局，尤其是三甲王氏十五世中宪大夫王梦简、十六世宣武都尉王中极的居住区巷口，均建有牌坊门，坊匾为"品行兼优"，是标榜王中极之父优生王梦鹏之嘉德懿行，也成为一种内涵深邃的建筑文化现象。它已从长安的里门分离出来，成为牌坊的一种表现形式。王氏牌坊在静升村多达九座，如文庙西之上坊里坊口之节著天朝坊，是为生员王新命之继妻翟氏而立，八蜡庙东路北十字瓮门底街口之忠义坊，是为陕西咸阳县尉王凤美而立，王氏宗祠东路北孝义祠堂前之孝义坊，是为敕封儒林郎晋赠中宪大夫优生王梦鹏而立，村北鸣凤塬王氏佳城门前之恤典坊，是为奉旨恤赠太仆寺卿贵西道王如玉而立。王氏宗祠大门外街道东西立有两座节孝坊，跨街而建，是为宗祠大门前的坊门。其他的牌坊也都建在街头坊口，要进街坊或巷道，头道门便是牌坊门，首先看到的也是牌坊上所表彰的忠孝节义、富贵寿考之类的道德文化事迹，不能不让人肃然起敬。因此，这里的建筑，无处不渗透着人文化治天下的礼乐教化艺术内涵。

王家大院不仅继承了唐王朝古长安城纵横棋盘式的方正建筑格局，也继承了古代建造房屋"辨方正位"的测定方向手法，把南北方线作为一条准绳，便成为房屋排列的组织依据。使所有建筑，基本上都是南北方向定位。至于"甲"，始于宋代的乡兵制度。熙宁年间，王安石变募兵制为保甲法，规定十家为一保，设保长，五十家为一大保，设大保长，家有两丁以上者，选一人为保丁，组成保甲，授以弓弩，教以战阵。这是一种由官方组织的民间乡兵制度。清代仍实行保甲之法，规定十户为牌，十牌为甲，设一甲头，十甲为保，设一保长，户给印牌，书其姓名丁口，出则注其所往，入则稽其所来，实行各户互相监督告发的连坐法。这是一种统治人民的户籍编制方法，与宋代的保甲已不相同。"甲"的另一层含义是指世家大族贵显者之家宅，称为甲门、甲姓、甲族。显贵者的家宅，则称甲宅、甲舍、甲第。王家在灵石堪称世家大族，与蒜峪陈家、夏门梁家、两渡何家并称"灵石四大家"，其官位显赫，住房豪华，因此堡内分上下四甲，实为豪门贵族，大宅门第。

绿门院为大夫第，分东西中三路，中路东路均为前堂后室，二进院落，中路大厅为三间七架，东路大厅为三间五架，比中路低一个档次。西路则分为前后四个小院，第一座院是书房，第二、第三座院是二合院，第四座院是三合院。四个小院则是"方方胜景，区区殊致"，"拆开则逐物有致，合拢则通体联络"，被称为春泰、夏安、秋吉、冬祥四个主题院。二甲大夫门第分东西四路，中路大门前有单斗石雕旗杆，大门匾额为"大夫第"，东路是书房，前后分隔成四进小院，每院也都有自己的主题：一进为书院主题，是加官，读书高升，二进是穿堂，为进禄，三进为二合院，逐渐增进，是为增福，四进为三合院，多为长辈们居住，主题为添寿。大门

司马第门内木雕匾额"三省四勿"

门框为石雕抛光，明亮光滑，门前石雕匾额为"燕翼"，大门内仪门前为"司马第"，仪门后为"三省四勿"，可谓一关辖三门，三门通四院。这里的建筑小巧玲珑，进大门后首先看到的是半亭式的赏月亭，既供看家护院，又供赏月观景。二进院只有西房一间，按《鲁班经》的解释为"孤阳"，不吉利，故不宜住人，只能作为一条通向中路主院和后院的通道。这条通道左折右拐，方可进入中路主体建筑群，称为"暗度陈仓"。据《王氏族谱》记载，本院主人曾受狐仙扶植，夜半仙狐自小门穿过，出人意外地去到深藏之书斋，至楼前赏月亭，将小小方桌悬挂半空，上

下时升时降，左右来回摆动，有时如风吹蓬蒿在天空旋转。鹿仙呦呦鸣叫着，自顶甲花园下来与狐仙会合，因之，"暗度陈仓"又名曰"仙洞门"，这也是体现主人"侣友神仙，鹿鸣案上"的浪漫色彩，形成神秘不可测的艺术境界。不过这纯粹是一个神话故事，在现实中根本不可能存在，虽然写进了族谱，但那是房主人为了提高自

「南倚千城好色晴岚还拱北，西瞻月壁多情流洞复绕东」楹联拓片

己的身价，显示自己似有神扶鬼助而臆想的。"鹿鸣案上"，是对加官晋爵、富贵昌盛人生的期望祈盼。《诗·小雅·鹿鸣》，是宴会宾客时所奏的乐歌。古时有鹿鸣宴，是科举时代考试后举行的宴会，是祝新科及第的考生平步青云、官运亨通。至今二进院还保留三个神龛，供奉着门神、土地、仙狐三神。

红门堡、崇宁堡还有诸多与唐朝国都长安城相似之处。主体建筑坐

北朝南的取正方位，"畦分棋布，间里皆中绳墨，坊中有墉（高墙），墉中有门"的平面布局，这些都与古都长安有点类似。中国传统文化源远流长，博大精深，民居建筑艺术和宫廷建筑艺术，是我国传统建筑中相辅相成、不可缺少的两个组成部分，宫廷建筑影响了民间建筑，并从民间建筑中汲取营养，才使建筑不至于僵化，保持了青春活力。

另外这里还有封建礼制规定的等级限制。王家所有建筑中，厅堂最高档次是三间七架，大门最高品位也只有三间三架。侯幼彬教授在他所著《中国建筑美学》一书中说："正式建筑强调正统性，等级制的发展很严密，很规范，明晰地显示着间架状况和出廊方式。屋顶的等级序列也非常明确，由高到低依次为重檐庑殿、重檐歇山、单檐庑殿、单檐歇山、卷棚歇山、悬山、卷棚悬山、硬山、卷棚硬山九个等次。"红门堡、崇宁堡、高家崖堡，最高档次的大厅也只有三间七架硬山顶，（因地形限制，本应为五间七架）在屋顶等次的序列中属倒数第二。《明会典》规定：一品二品厅堂五间九架，门屋三间五架；三至五品，厅堂五间七架，正门三间三架；六至九品，厅堂三间七架，正门一间三架。庶民百姓造房屋，不得超过三间五架。王家大

下南堡堡门

院现保存有"大夫第"门匾院落四座，都属五品以上官员居所，如果把王家所建五大堡也算作一个个小城池的话，只能是捍卫天子的"干城"，而不是天子所居的"崇城"。汉班固所著《白虎通》曰："天子曰崇城，言崇高也，诸侯曰干城，言不敢自专，御于天子也。"红门堡中宪大夫王梦简所居书房门前有一副石雕楹联，联曰："南倚干城，好色晴岚还拱北；西瞻月璧，

红门堡五福东门

多情流涧复绕东。"干城，捍外而卫内，起捍卫防御作用，用以比喻捍卫者或指御敌立功的将领。《诗·周南·兔罝》："赳赳武夫，公侯干城。"武夫指雄壮勇武的将士，干，盾牌，干与城都是自卫的设施。"拱北"更说明了王家城堡的最终目的，是在捍卫天子以及天子率领下的国土。拱北，即拱辰，指北极星。《论语·为政》："为政以德，譬如北辰，居其所而众星共之。"比喻朝廷能以德治国，四方皆归服之。未开发的下南堡，定位坐南朝北，是向心性建筑，堡门北向，匾额为"拱极"，直截了当地说出拥护并愿接受皇帝的领导。梦简书房门联下联中的"西瞻月璧"，是说观赏玉璧般的月亮，"多情流涧复绕东"，则是怀着对祖国大好山河的满腔热情，表现出热爱祖国的赤诚之心。僭越反上的怀疑，没有必要，也不必担心。

说到干城，西堡子更有代表性，这里地势高爽险要，站在北堡墙真

武阁前，可仰观、俯视绵山及静升河东十里西二十里的山河地带，北可清晰眺望鸣凤塬，可谓眼观八方，耳听六路。堡墙更是雄伟壮观，既高又厚，在王家龙、凤、龟、麟、虎五堡中，西堡子排在虎位，故有"虎卧西阙"之称。因此我们说王家建筑不仅注重文化艺术精神之美，更注重练兵习武、防盗防匪、安全实用之美。西堡子在乾隆年间曾出过王家唯一的一位武进士王舟来，在此以前王家连一位文举人也未曾出现过，人们在这里拉弓射箭，耍枪弄棒，十八般武器俱全，十八般武艺精练，前设练武厅，后有跑马场，是习枪练武的好场地。不过，清朝政府在民众中并不提倡大规模操练武术，以防群众聚众闹事，因此，王家由尚武又回归于尚文，把西堡子内主要建筑，按五常取意，命名为"福""禄""寿""喜""财"五个建筑群。福，就是幸福，有福气；禄，高官厚禄，指禄位和官职；寿，指高寿，身体健康，寿至耄耋；财，指富有，家产丰厚；喜，指多生贵子，民俗常称妇女怀孕曰"有喜"，旧俗认为，有贵子才算真有福气，若无贵子纵然有百万财产，也是过路云烟，属别人所有，不算真有福。有趣的是，西堡子的"喜"院偏东，在中轴线之东侧，东属木，为青龙，代表春天，有生气，皇宫里的东宫，为太子所居，因此这"喜"寓子在东方之意。这是民间所称的"五福"。王家红门堡就有石雕"五福临门"门框，上雕五只蝙蝠寓其意。若按《尚书·洪范》所指，"五福"则是："一曰寿，二曰富，三曰康宁，四曰攸好德，五曰考终命。"这是关于五福最早的记载。《洪范》所说的"五福"，与民间所说"五福"稍有差异，前者重在平安、行好德、健康安宁、高寿善终，后者则强调的是加官进禄，多子多寿多财。

览秦制、越周法的双阶制踏跺

　　王家大院古建筑群，绝大多数建造于清雍正、乾隆、嘉庆三个时期，然其建筑结构及平面布局艺术，却是源远流长，早在商周时期就已经出现了。红门堡棋盘式布局，源自隋唐长安城的构建模式，敬业堂前堂后室多进式建筑格局，与二十世纪发现的陕西周岐山凤雏村宫殿遗址（也有说是宗庙遗址）非常相似，几乎是宫殿遗址的翻版。还有一处平时并不引人注意，也不十分起眼的建筑，很有研究价值，这便是王家孝义祠堂献殿前的两阶制踏跺。

　　踏跺为一东一西左右排列。献殿坐北向南，五间五架，外檐和内檐隔扇中间留有一米五宽的甬道，分明间、次间、稍间。明间门前没有踏跺，离地约55厘米；次间前则各有三阶踏跺一组；稍间被隔断，是每逢祭祀时存放祭品的地方。东稍间尚留有斜坡券洞踏道，直通祠堂后之街巷，专为妇女设置，每当有女性参加祭祀时，则从后门斜坡踏道出入，界限划分十分严格。祠堂献殿前对

孝义祠一层砖卷窑洞

孝义祠二层乐楼

面建有歇山顶戏台一座，表演区向外凸出二米多，左右有化妆室，表演区左右为乐队伴奏区。献殿前有左右敞廊，供观赏戏曲者使用。一年四季祠、禘、尝、蒸（指春夏秋冬四时祭祀），祭祀时有戏班助兴，风雨无阻。楼下一层为前后一大三小四孔窑洞，其构建甚为特殊，前面三孔并列，坐北向南，深约8.8米，三孔窑洞后面又建有东西约15米，宽约4米的大枕头窑，是王家停放灵柩的地方。在棺柩未入坟之前，这里常有人守灵，逢七之日时，也要进行祭奠，通枕头窑之门，也有东西两道，分别在东窑洞、西窑洞后壁开门，有如古戏台上场下场的古道门，仍属双阶制类型。一旦行祭，则客从西门进，主从东门进，彬彬有礼，井然有序。

东西两阶制在历史上盛行的时间很长，大约在东周末期、春秋战国或西汉初就已出现了。《礼记·曲礼》："凡与客人者，每门让与客。""主人入门而右，客人入门而左，主人就东阶，客人就西阶。客若降等（地位比主人低），则就主人之阶，主人固辞（再三推让），然后客复就西阶。"这就是说，东西阶制是"礼"的规定。东阶也称阼阶，是主人行走之阶，西阶又称宾阶，是客人行走之阶。西阶为尊，表示对客人的尊敬。直到现在我国领导人接待外宾，仍按周礼，客在西，主在东。

两阶制的礼制台阶，是在秦汉两宫分立的基础上产生的，是对中轴线排列建筑物的一种否定。后汉张衡《西京赋》中就说汉宫是"览秦制，跨周法"的新型建筑物，它采纳接受秦代创新经验，不受周法的约束，这是一种发展，从秦汉开始，就出现了成双成对的平面布局，从两阶制可以看得出来。两阶制的建筑，一直从汉沿袭到隋唐，现存唐大明宫遗址中的含元殿、宣政殿、紫宸殿，都是九间双台阶。河南济源县宋济渎庙渊德殿古建筑遗址，也有东西阶的遗迹留存。秦汉隋唐双阶制建筑，宋以后或已被淘汰，现存其他建筑中还没有发现。王家孝义祠堂双阶建筑，虽年代不很久远，但它是秦汉双阶制建筑的遗韵，是现存的建筑实物，这也是它所以可贵之处吧。

然而双阶制也有它的缺点，它和中轴对称的九间殿堂有矛盾，因此，从唐代开始有了中间御道和左右双阶相组合的两阶一路制御路。到

静升文庙大成殿杏坛御道

明清两阶一路制发展达到高峰，宫殿及高档次的寺庙都建有御道，寺庙御道专供"神"行走，雕以宝相花（佛）、吉祥物（道），皇帝御道则雕以龙凤祥云。英国学者称御道是"精神上的道路"。静升文庙也用两阶一路制，但无论规模及雕刻图案都简单多了，清宫用汉白玉龙凤卷云图，而静升文庙则是雕以金翅鸟。有人认为静升文庙御路雕刻的是开天辟地的人祖盘古氏。龙作为神兽，凤作为神鸟，陪帝王通行是可以的。盘古氏是人祖，比孔子出世早得多。孔子是圣人，是夫子，虽后来被封为素王，但也不敢和天子比高低，天子的学宫曰辟雍，外圆象天，内方象地。孔子的学宫则称为泮宫，其宫前泮池只限用半圆形。金翅鸟御道，才算是静升文庙真正"精神上的道路"。金翅鸟或称大鹏金翅鸟，又译为妙翅鸟，为佛经中天龙八部之一。云南楚雄市雁塔，密檐方形七层，塔刹铜亭阁内置有魁星点斗铜像，四角各有铜铸金翅鸟，人称为"文笔塔"。《观龙三昧经》云："妙翅鸟快得自在，日游四海，以龙为食。"古代洱海、滇池一带常遭水患，人们以为是恶龙作怪，故以金翅鸟置塔顶以镇之。（参阅《文物天地》1995年第4期）《云南通志·寺观志》云："世传龙性敬塔而畏鹏，故以此镇之。"

　　魁星为北斗之斗魁，斗魁之上有六星，名为"文曲"，或名"文星"，为道教的文昌帝君，主宰功名、禄位，故受到学子的崇拜，这文笔塔也就成为儒道佛三教合一的象征。元皇庆延祐年间恢复科考后，静升镇二十多年科考不利，村人在南塘公倡议下，经县长冉大年批准，于至元二年（1336）修建起文庙。康熙八年（1669），静升生员王斗星捐金三百，独家重修，才使静升文庙构建更加合理。魁星是主文章兴衰之神，魁星楼四层，建在文庙东南角，取照耀一方之意，为一镇之伟观，泮池状元桥建在万仞宫墙之后，大成门之前，水池原为元宝形，取状元及第之意。元宝又名银锭，取一定高升之寓意，《红楼梦》中贾宝玉上京赶考时，贾老夫人送给他银锭形糕一块，即为此意。元宝形泮池，为静升文庙特有的泮池特征，它是半圆形池的变异，其他地方很少见到，既象征状元及第、一定高升，又寓意加官进禄、富贵临门，充分显示了静升文庙的创意性和创造力。

金翅鸟又称迦楼罗，其形象为金刚面，双手双脚，能为世人除祛恶龙毒蛇等妖邪，它整日盘旋于佛的头顶，为佛护卫。孔庙借佛家金翅鸟，为主宰功名利禄的孔圣人和文昌帝君保驾护法，不让恶邪侵犯泮池，保障科举顺利，实为静升村创造的一种文化氛围。据蔺俊鹏考察，介休后土庙大门口玻璃照壁上，也有人面鸟身的灵禽，它也应该是大鹏金翅鸟迦楼罗，为天龙八部之一，在佛祖头顶上守护着佛祖，佛教的护法神。如今在三教合一的大局面下，同样成了儒释道三教的护法神。

金翅鸟御道，是元代所建，还是清代增修，说法不一。但三教合一在南朝齐梁间的"山中宰相"陶弘景时就已提出。被元世祖封为"全真开化真君"的王重阳，认为"天下无二道，圣人不二心"，三教之学皆不离"大道"。儒释道三教之学，本来各有其宗旨，儒家言"理"，释宗"明性"，道教"修命"。因此王重阳创立了一种融会贯通三教的"性命

静升文庙棂星门、泮池、状元桥

之学"，将儒教之忠孝、佛教之戒律、道教之丹鼎熔为一炉，互相沟通。
道教的关公，不是也被佛寺的伽蓝殿给拉进去了吗？因此，佛教护法神
金翅鸟安放在文庙御道上，元代的可能性很大，因御道在唐宋时即已出
现了。

品味大自然赐予的流风遗韵

　　大自然赐予人类的恩惠太多了。天高悬日月，地厚生万物。土地给人类生长出极丰富的物质财富，五谷满足了人类生活的需要，山蕴宝藏，水养群生，日月水木金火土，是人类生存的基础，或者说是最基本的条件。

　　红门堡亭阁有九处之多，而且多是防御性的建筑，除司马院半壁亭将看家、观星、瞻月、仙狐传说绾在一起外，其他阁亭不论形式、构架、朝向，均无明显的观日瞻月的含义，唯一甲前有东西水井各一眼，曰"日月之精华，财源之不竭"，和日月崇拜有了联系，而且和高家崖瞻月观日一样，同是对日月神的崇拜。先说高家崖堡的观日阁、瞻月亭。它是堡内东西堡门上的建筑，被称作"日月合璧"。古人认为，太阳和月亮同时在东方升起，是一吉利祥瑞征兆，

观日阁

或称日月同宫、日月对照、日月同辉等。据史料统计，清雍正三年二月二日庚午，日月合璧，五星连珠；乾隆二十六年正月朔辛丑午时，日月合璧、五星连珠。另外嘉庆四年、道光元年，都有日月合璧、五星连珠的记载，被当时清宫廷誉为"百年之中，休征四见"。是说百年之内吉祥征兆四次出现。在清廷休征思想影响下，王家在弹丸之地，也修建起观日瞻月阁亭，把日和月用建筑拴在一起，

瞻月亭

也享受日月合璧、五星连珠之吉祥之气。然而从景观美的角度来看，观日阁可以看到太阳从绵山巅峰升起，看到火、热、生命、光明如何赶走黑暗，给人们带来光明和希望，阴阳交替，否极泰来，旭日东升，光照四方。从人文角度来说，绵山是春秋时晋国忠臣介子推殉难之处，人们在观日的同时，可以联想到这位早就载入史册的大忠臣、大孝子介子推忠烈孝贤的高贵道德品质，使人肃然起敬，把他作为做人的光辉榜样。如果你真正做到身心完全投入的话，可以看到这位千古贤人的身影，从太阳光里走出来，又回到了温暖的人间。

瞻月亭在高家崖堡西堡门上。亭前有五平方米平台一块，台周围及踏步扶栏上，均雕以栏板、栏杆、望柱，望柱上雕以十二生肖，台阶的下方东向墙壁上，还有砖雕玉璧一块。璧，有大璧、谷璧、蒲璧等。大

璧是天子礼天之礼器，须用苍色，是因为璧圆象天，苍色像天之颜色，民国以前各代均用以礼天。谷璧子爵所执，上饰有谷粒，取五谷养人之义，蒲璧，男爵所执，上饰有蒲草，蒲可以做席，取安人之意。这三种璧统称为拱璧，因为都是用手拱起而礼天。瞻月亭平台下之玉璧，也取礼天之意。特别是八月十五中秋节月正圆时，人们坐在这里品茗赏月，祭拜天地，显示的是"与天地合其

德，与日月合其明，与四时合其序，与神鬼合其吉凶……立天之道曰阴与阳，立地之道曰柔与刚，立人之道曰仁与义"。把人们一贯坚持的勤谨工作态度、仁与义的人格品质，通过建筑体现出来，既是儒家的道德观念，也是主人的期盼和向往。

红门堡没有专设观日瞻月的建筑，然堡内底甲前有水井两眼，一在东，一在西，水质甘甜清醇，春夏秋冬四时不竭。与观日阁、瞻月亭异曲同工。把水井比作财源，人们都能接受，在历史传统民族民俗文化中，人们早就以清水为财帛，浑水为运气，若在梦中梦见清水则招财进宝，梦见浑水则好运来到，办事无不吉利。把水井比作"日月之精华"，又有更深的含义，传说中的蟾蜍、三足乌，是仙虫、仙鸟，有着丰富的文化底蕴。东汉天文学家张衡所著《灵宪》云："日者，阳精之宗，积而成乌，像鸟而有三趾，阳之精，其数奇；月者阴精之宗，积而成兽，象兔、蛤焉，阴之精，其数偶。"其意为太阳积阳精而成鸟，为三足乌；月亮则积阴精而成兽，为兔子、蛤蟆（蟾蜍）。《淮南子》云："羿请不

死之药于西王母，羿妾姮娥窃之奔月，托身于月，是为蟾蜍，而为月精。"这是说，月中蟾蜍为姮娥所化。后又传说蟾蜍如日中之三足乌，也为三足，称"三足蟾"。在民间民俗文化中，三足蟾是财富的征兆，得之可以兆财富。因此，三足蟾象征招财进宝，财源茂盛。

周代宫室即仿凤鸟营造。先秦以后的隋唐都有五凤楼形制的建筑，如唐大明宫含元殿等，一直影响到五代、宋、元、明、清的宫殿建筑和民间建筑。民间五凤楼建筑不仅南方有，北方也有。王家大院高家崖敬业堂，就是北方民居五凤楼建筑的一例。这座楼院由五座楼房组成，正面楼房七开间，高大宽敞，东西两侧各建二座，都是二层，东西两侧如同两只翅膀展开向上腾飞，五个建筑群为五只大凤凰的写意。这也是先秦时的流风在王家大院的展现。

古代建筑中，有仿生动物和仿生植物的造型。龙、凤、龟、麟、虎为五方祥禽瑞兽，也被称为五方神。王家在静升所建五座大堡，分别象征寓意为龙、凤、龟、麟、虎，现已开发的红门堡为龙，从建筑格局

乐善堂后寝院景

看，分为龙头、龙眼、龙身、龙爪、龙尾，高家崖堡为凤的造型，东南堡为龟，下南堡为麟，西堡子为虎。这就形成了各自独特的形象造型和寓意，人称之为"龙飞凤舞""龟拉尧车""麟吐玉书""虎卧西阙"。龟拉尧车是一个传说，据传唐尧从清徐尧城村往平阳迁徙时，在东南堡故地稍事休息过，东南堡人称为龟堡，四角有角楼，只有西门楼一座，二层，堡后有一块高地，村人称之为龟拉尧车地。下南堡建有十分讲究的文峰塔，塔旁有象征砚台、笔架、墨池等文房四宝的建筑，村中自流小溪称自然天池，正好和麒麟吐玉书相印证。西堡子在王家五堡中修建最

早，面积最大，地势也最高，在清乾隆间出过王家唯一的一位武进士，因而称为"虎卧西阙"。就五凤楼来说，是五只凤凰的通称。另外，西堡子、红门堡、高家崖堡，处在栖凤原、鸣凤岗、鸣凤原、凤凰台四个山丘之半腰间，这就给龙飞凤舞的命名，提供了另一方面的依据。高家崖王汝聪、王汝成兄弟五人也有五凤喻五子的意思。我国古代有以凤喻有才德贤能人才的传统，早在春秋战国时期就出现了这种称呼方法。

万物有灵，万物崇拜，在我国原始社会就已出现了，它是宗教最初的形态之一，认为各种自然物都有灵性。万物有灵既是宗教的一种形式，发展到后来也就

"五子夺魁"墙基石

和神鬼有了联系，把神融化在自然界中，神也就存在于自然界一切事物之中了。既是神，就受到了人的崇拜，这就产生了泛神论。"万物有灵"观念，在我国民族民俗文化中受到了重视，并加以具体化、形象化，内容也更加繁杂。在民俗文化中，日月星辰、山河水泽、吉祥神兽神鸟、吉祥花草树木、俗信神、吉祥器皿符图等，都加入到祝吉祝祥、镇邪驱魔、加官晋爵、藏风聚气的大合唱队伍中来了。王家大院素有"三雕艺术荟萃"和"雕在石头栋梁上的史书"之美称，其雕刻手法、构图方式、题材、思维方式，都在"万物有灵"的观念指导下，继承了五千年以来历史传统之风韵，既有儒道佛的仙气，又有文人士大夫的雅气，还有民间美术的俗气。这里的俗气是指世俗气、民俗气，世俗指人世间所通行的风俗习惯和风尚，它是一切艺术之母，是人类历史文化的积淀，是用之不竭的艺术源泉，绝非庸俗、凡庸、不堪入目。

俗气、仙气、雅气，这三大块是王家大院三雕艺术的总概括，而且是互相渗透、互相联系在一起的，总目的是"施教导民，上下和合，镇宅避邪，趋吉求福"，创造一个盛美的世俗文化。

石崇拜，石有灵，在王家大院处处都有，如石雕狮子、石雕门枕石、抱鼓石、石雕踏跺、石雕墙基石、拴马桩、石雕文阶石、上马石、石雕"岁寒三友""四君子""鲤鱼跳龙门"，石雕影壁等，都在万物有灵范畴之内。石崇拜始自女娲炼石补天，袁珂先生在《中国古代神话》中译解说，远古时海内四方崩裂倒塌，九州分崩离散，天不能覆盖四方，地不能周载万物，火势蔓延不灭，水势盛大广远，至天涯而不息，猛兽吞食善良人民，鸷鸟用爪抓获弱者老者，在灾难重重的情况下，女娲炼五色石，才使苍天补，四极正，洪水涸，猛兽死，善民生，天圆地方，神州生辉，天下太平，吉祥止止。从女娲炼五色石开始，就认为石有灵气，可以辟邪镇鬼，加以崇拜。王家大院以石作为建筑构件，一是取其坚固不易损坏，如墙基石、门枕石、挑檐石、石门框等，二是取其灵性之气，在石构件上再雕以历史神话人物故事、吉祥花草、吉祥瑞兽

石雕四季花卉及花神

等，以显示权威，镇宅辟邪，祝吉祝祥。乐善堂前庭镶嵌四块石雕四季花卉墙基石，春牡丹、夏荷花、秋菊、冬梅。四季花卉早已被人们熟知，不足为奇，值得提出的是四季花卉下方，又雕有四位男花神，这恐怕就很少有人知道了。

牡丹花神李白，字太白，号青莲居士，有诗仙、谪仙之称，其被奉为花神，也正是因写有牡丹诗，遂将诗仙和花神合为一体，被后人奉为牡丹花神。

莲"出淤泥而不染，濯清涟而不妖"，"香远益清，亭亭净植，可远观而不可亵玩"，"花中君子也。"濂溪（周敦颐）以莲为知己，与莲同洁，与莲同净，莲、君子、周敦颐，人格与花格，人品与花品可相比拟，故周敦颐也就成为人们最尊敬的荷花花神。

菊花花神是陶渊明。陶渊明"不为五斗米折腰"，挂印辞官，耕田赏菊，花品即人品，菊有悠然野趣，又有陶令遗风。陶渊明辞官归田后，有"采菊东篱下，悠然见南山"之句。钟嵘在《诗品》中称陶渊明为"隐逸诗人之宗"。因此，陶渊明被称为九月菊之花神。

梅花花神是林和靖先生。和靖名林逋，字君复，诗人，一生不娶不仕，隐居杭州西湖孤山，种梅养鹤自娱，故有"梅妻鹤子"之称。宋真宗皇帝知道后，命地方官员每逢佳节前去慰问，卒谥和靖先生。又因《山园小梅》诗句"疏影横斜水清浅，暗香浮动月黄昏"成千古传诵咏梅绝唱，被奉为梅花花神。

石雕四季花卉构图，上部为花形，下部为花神，且有侍童相伴。四侍童手中分别持琴、棋、书、画，成一幅雅士四逸图，也正符合四花神神明之气。花神属民间俗神，其功利性是满足人们趋吉避凶、祈福消灾的心理需要，期盼百花长开，春色满园，花神保佑，幸福如意。同时在对花神的信仰奉祀中，为了美化自己的思想灵魂，展现人们的美好情操和善良愿望，花神侍童手中持奉的琴棋书画，表现的正是住宅主人的美好情操。

王家大院石雕门枕石，雕刻精致，式样繁多，有雕抱鼓石者，有雕狮子绣球者，松竹院二门蟠龙分左右，左示太阳，东升，右示月亮，西下，是古代祭祀太阳和月亮的礼器图案。乐善堂后院东侧门门墩上是以雕刻写意，其所雕四君子极为传神，是王家石雕中的佼佼者，算得上石雕精品之一。这件石雕门枕石的门墩上，正侧两面分别雕以松、竹、梅、兰、花草树木，它最突出的特点是，以汉字为基础，由花卉花枝组成横、竖、撇、捺字画笔形结构，形中套形，花中藏字，字画结合，相映成趣，构图完整，雅俗共赏，既有造型的美，又有装饰的美。"松"字由松干松枝松针组成，"竹"字由竹干竹枝竹叶组成，"梅"字由梅枝梅花组成，"兰"字以兰花兰草组成。这些石雕艺术品，粗看是一组组、一束束鲜花树木的画面，细看，并加上思维的介入，经过脑子急转弯，方悟得这组字谜的"谜底"就是花卉本身。要说明的是，这不是绘画文字游戏，也不是给游人布置的"迷魂阵"，其意义是以花格喻人格，表现花木的内在品格。清文学家张潮在《幽梦影》中说："梅令人高，兰令人幽，菊令人野，莲令人淡，春海棠令人艳，牡丹令人豪，蕉与竹令人韵，秋海棠令人媚，松令人逸，桐令人清，柳令人感。"这段文字，用抒情的笔调，给部分花卉树木赋予情趣，使人们体味花之品格，恬淡寡欲，在大自然中追求天道，天人合一。清同治间状元东阁大学士陆润庠，给苏州"五峰仙馆"题联曰："读《书》取正，读《易》取变，读《骚》取幽，读《庄》取达，读《汉文》取坚，最有味卷中岁月；与菊同野，与梅同疏，与莲同俗，与兰同芳，与海棠同韵，定自称花里神仙。"这副对联和前边引文精神基本一致，这里文人士大夫的"卷中岁月"和"花中神仙"前呼后应，乐哉悠哉。

明清文人士大夫对花草树木十分喜爱，对花的姿态、颜色、香味、神韵等，有极细致的观察和品赏，把花卉树木人格化、性格化，花品人品互为借鉴，互做比喻。

四君子中松占首位，是因为它耐寒常青，不论在山上山下，即使在贫瘠的土壤中，都能够适应环境生存下去，而且能适应四季变化，抗击恶劣环境。孔子

石雕"四君子"门枕石

说："岁寒，然后知松柏之后凋也。"赞扬松柏凌风迎寒、傲霜斗雪、顶天立地的风骨神韵。早在秦始皇登泰山时，即封松为"大夫"。

竹，秀逸有神韵，品格高尚，虚心自持。郑板桥说它"未曾出土先有节，纵凌空处也虚心"。苏东坡说："宁可食无肉，不可居无竹，无肉令人瘦，无竹令人俗。"静升西王家第十五世王梦鹏，取得生员学位后，不再于官场谋划，埋头教书育人，品德同属高尚不俗。

"香草以灵均为知己"。香草指兰花，《说文》："兰，香草也。"灵均是屈原的号，屈原因遭人诬陷，被放逐。在放逐期间，见楚国奸佞当道、政治腐败，无力挽救，写有《离骚》《九章》，陈述他的政治主张，揭露当时楚国昏庸腐败、排斥贤能的丑恶现实，表现了他对楚国的深切的爱恋及为其献身的精神。孔子称"兰生深谷，不以无人而不芳，君子修道立德，不为困穷而改节"。兰花生于幽岩绝谷中，抱芳守节，不求闻达，无求于他物，怀馨香之质、慎独之志，被称为"花中君子""国香""香草""天下第一香"等。花中君子和人中君子，惺惺惜惜，知己遇知己。而王家主人正是取花中四君子以自喻，让游人看到雄伟的建筑中，主人与"岁寒三友"交朋友，与"四君子"为邻里，"早晚得为朝署拜"。四君子雕在门枕石上，早晚出入都要拜见通报。高家崖乐善堂主人，也以兰为知己，以灵均为知己，并以此二者作为做人的榜样，嘉庆年间有些地区闹荒旱，王汝聪及其父王中堂解囊相助，捐银六千余两，支援灾区人民及族内老弱孤寡。

梅，在四季花卉中略有阐述，而梅在四君子中再一次出现，可见其地位在群芳中的重要性。梅花花姿雅秀，风韵迷人，品格高尚，抵严寒，报早春，清香袭人，有"花魁"之称，花开五瓣，被誉为"梅开五福"，受到历代词客、诗人的赞誉歌颂。南宋大词人辛弃疾曾赞曰："自有陶潜方有菊，若无和靖即无梅。"梅不畏严寒，初春即开，伦常守节，傲骨贞姿，不与百花并盛衰，是真正的花中君子。

前边说的是春夏秋冬四季花卉及其花神。农历一年十二个月，月有月花，月花自然有月花的花神，十二个月有二十四位花神，男女各半。男花神与女花神，各有自己的总领，男总领为西来迦叶尊者，女总领为土著魏夫人。相传释迦牟尼在灵山会上说法时，把大梵天王送上的金色波罗花当众拈花示众，众皆不解其意。唯迦叶尊者破颜微笑，佛便说这是不立文字的教外别传法门，将花付与迦叶。因此之故，中国尊其为总领男花神。女花神总领为魏晋南北朝时南岳魏夫人，魏夫人姓李，名华存，自小好学道家，年老仰慕神仙，其有一女弟子花姑，擅长种花，能以巧手植春，遂被后世花圃中人奉为花神。这样一来，就使花神序列化、系统化，把人的美好理想和花神的品格结合在一起。

以建筑写意　用牌匾点睛

以建筑写意，这一特点在静升村显得非常突出。首先是仿《易》法八卦，以堡门匾额点睛。八堡象征八卦，八卦定吉凶，吉凶成大业。红门堡之匾额为"恒贞"，出自六十四卦中的"恒卦"，卦辞是"恒，亨，无咎，利贞，利有攸往"。按照严有毅先生《周易六十四卦精解》的解释是恒卦象征恒久、恒通、顺利，没有灾咎。利于坚守正道，利于出行，有所作为。

高家崖堡匾额为"视履"，出自履卦，"《象》曰：上天下泽，履。君子以辨上下、定民志。"履卦上面是天（乾），下面是泽（兑），君子应循此辨明上下等级秩序，统一百姓的尊卑意识，安定民心。"上九：视履考祥，其旋元吉"，是说用履卦的卦辞、象辞，来考察吉凶，就会圆满大吉。东南堡之匾额为"和义"，出自《易·说卦》"和顺于道德而理于义"。它体现了天地万物和人的发展变化的必然性，符合顺应天道人德，

石雕"恒贞""视履"匾额

也适合事物发展的道理。西南堡之"恒泰"出自泰卦。"《象》曰：天地交，泰。后以财成天地之道，辅相天地之宜，以左右民。"是说天地相互交合，象征着亨通、太平，天地相交，万物生化，推行天

东南堡堡门及匾额"和义"

道。西堡子之"崇宁"匾，出自乾卦："保合大和，乃利贞……首出庶物，万国咸宁。"是说天地自然变化形成了万物的规律，万物各自运畜精神，保持太和元气，天道创造万物，天下邦国和美昌顺。

西小堡建于明末，面积小，房舍简单，传说李自成起义造反后，逢朱家后裔便杀，朱姓子弟有从霍州逃向静升者，改朱姓为王姓，但其神祇标有马皇后为始祖，一直保存到现在，确认为朱元璋后代无疑。其匾额为"凝固"，出自"坤卦"，爻辞曰："初六，履霜，坚冰至。"象曰："履霜坚冰，阴始凝也。"意思是说当踩到地面的薄冰，便可知道坚冰的寒冬要到了，象传解释卦爻的卦辞说：履霜，坚冰至，是指阴气开始凝聚，按自然规律，冰雪寒冬将要到来。"始凝"一词的解释中提示："当垢卦看。"那么垢卦又是如何解释的呢？"上九垢其角，吝，无咎""象曰：垢其角，上穷吝也"。卦辞说，上九于墙角相遇，虽有困难、有麻烦，但未造成恶劣后果。乾为垢卦的首位，上九居乾体之上是角之象。西小堡是静升最早建立的堡子，处于静升之西北角，角质刚硬，上九处于距离初六最远的角落，又刚硬无比，所以难与初六相遇而被消灭，得以暂编狭自保，故为吝，而不言凶。但上九处亢龙之位，虽然穷吝，但

穷则思变，变则通，故无咎。踩到了地面的薄霜，便可知坚冰的到来。冬天来了，春天就不会远了。

东堡子匾额为"朝阳"，朝阳则是东升的太阳，因此和六十四卦中的"升卦"有联系。卦辞象曰："地中生木，升，君子以顺德积小以高大。""五六，贞吉升阶。""象曰：贞吉升德，大德也。"是说守正道吉祥，登阶而上升。下南堡位于八卦中的离位，"离者利贞。亨。"利于坚守正道，亨通顺利。象辞曰："离，丽也。日月丽乎天，百谷草木丽乎土，重明以丽乎正，乃化成天下。柔丽乎中正，故亨。"象传说，离，是附丽于正道，所以能够教化天下，促成天下昌盛。柔顺者附丽于中正之道，因此亨通顺利。

红门堡是建筑写意中的大写意。堡门象征龙头，东西水井象征龙眼，鹅卵石铺成的中轴坡道，象征龙身，东西甲横道象征龙爪，北堡墙墙壁后有翠柏一株，弯曲向上，象征龙尾，是一条完完整整的写意龙。红门堡堡门上高悬"就日瞻云"木牌匾一块。《史记·五帝纪》："帝尧者，就之如日，望之如云。"《文苑英华》："披云睹日兮目则明，就日瞻云兮心若惊。"后因以日喻帝王，把谒见帝王称为"就日瞻云"。乾隆五

朱家王于明末所建西堡子

十年（1785）辟雍修建完工，善于经商做买卖的十六世王中极步入官场，受到了乾隆皇帝的接见，赏赐黄马褂、银牌各一件，虽没有大魁天下，金榜高中，但其受皇帝恩崇，非同一般。嘉庆元年（1796），中极又参加了千叟宴，可谓得天独厚。"就日瞻云"正是画龙点睛，显示其受皇帝恩崇之盛。

王家所修堡子在静升八堡中占去五堡，这五堡是按仿生象物的方法，以动物取名的，即龙、凤、龟、麟、虎五神兽，红门堡取龙，前面已经说过。高家崖取凤，敬业堂、乐善堂均由五楼组成，所以称五凤楼。五凤楼的形制影响了历代宫廷建筑，也影响了民间建筑。福建、广东客家民居有五凤楼形制，王家大院也有五凤楼形制，这就是说从民间到宫廷，再从宫廷到民间，包括各种艺术，都是相互借鉴，相互影响的。东南堡以龟取名，龟为四灵之一，四灵镇四方，汉刘向《说苑》说龟文五色，背阴向阳，龟背隆起象天，下平法地，四趾转运四时，下气上通，能知凶吉存亡之变。龟能通神，帝用龟甲占卜吉凶。又有人说，龟得水则吉，失水则凶，东南堡左侧有一圪洞堰，正好是龟兽生存的好地方。下南堡为麒麟，非常明显的是，堡外有文笔塔一座，还有象征砚台、象征笔架的建筑，以及象征墨水斗的小溪流储存的水池。西堡子在静升村地势最高，形势雄伟，犹虎之蹲踞，故称为虎堡。

古人曾说，"古者以五灵配五方：龙，木也；凤，火也；麒麟，土也；白虎，金也；神龟，水也。"《五经异义》云："龙，东方也；白虎，西方也；凤，南方也；神龟，北方也；麒麟，中央也。"（转引自吴庆洲《建筑哲理意念与文化艺术》）王家以"水、木、金、火、土"分门立股，也称五派、五支，把五灵、五行、五方、五色糅合在一起，相克相生，发展壮大，成为静升村的大户之一。

善行千里　德传百代

灵石县静升镇王氏家训，语言精练，内容丰富，可以"礼义廉耻""孝悌忠信"概括之。《家训》从衣食住行入手，到"温良恭俭让""仁义礼智信"五德五行收笔，把修身、齐家、治国、平天下贯彻始终。

王家的家训家规不仅诵在口头上，而且表现在门楣、匾额、挂落、墙壁、家什上，使族人抬头见规则，行走受熏染，每时每刻都能感受到儒家道德文化的陶冶和教育。特别是富有诗意的治家格言，雕刻镶嵌在建筑物上，使后人随时随地吟咏，永志不忘。司马院内手卷石雕"勤治生俭养德四时足用；忠持已恕及物终身可行"。红门堡门楼花板上，木雕"天地无私，为善自然获福；圣贤有教，修身可以齐家"。"宝珠玉不如宝善；友富贵莫若友仁"。"丹桂有根，独长诗书门第；黄金无种，偏生勤俭人家"。缥缃居西侧门石雕门联直截了当地提出："立德仁义礼智信；处事天地君亲师"。王氏家族十分崇敬"程朱理学"，因此把《程子四箴》、朱柏庐《先贤家训》全文雕刻在直径1.4米的平面圆形青石上，

"勤治生俭养德四时足用，忠持已恕及物终身可行"手卷联

嵌于大门内东西墙壁，目的是让王氏族人熟读熟记家训家规，使王家人抬头见规则，行走受熏染，每时每刻都能受到儒家文化的教育和陶冶。从业各有所异，心德同为一体。

王家以"业贾起家，货殖燕齐，捐官晋爵，步入官场"后，"遂以文学著，以孝义称，以官宦显者众矣"。十五世王梦鹏获取生员学位后，不谋官，不贪财，"置义学，设义冢，焚遗券（烧掉借贷契据），建桥梁"等，孝义之行信服于乡党。乾隆四十五年（1780）举孝义奉旨建坊，内阁学士翁方纲题写"孝义"匾额。十六世王奋志经商起家后，远在千里之外的"直隶、山东广设生理（设舍饭施粥棚），宗族、乡党赖以举火（生计、生存）者，不下数百家"。十六世王中堂及其长子王汝聪，先后捐银六千余两，赈救灾区灾民，帮助乡梓鳏寡孤独、无力就学的学子。乡民送他一个高雅的堂号

石雕楹联『立德仁义礼智信，处事天地君亲师』

"乐善堂",取乐善好施之意。王氏阖族与梓里其他大户共建"赈济堂"义仓,丰年出资平价收谷,荒年平价出售,做到了饥不伤民,丰不伤农,荒年无饥色,丰年有饱餐。

「江革行佣供母」墙基石

王氏家族还把家训和居住艺术中的雕刻融合在一起,既审美,又教化。敬业堂后室石雕墙基石上的"行佣供母",写汉代江革孝行天下事,教育子孙。江革在东汉明帝时举孝廉为郎,补楚国太仆,不久自劾。章帝初,复举孝廉方正,任五官中郎将(朝廷近侍),京师贵戚重其行,各奉书致礼,皆被江革谢辞不受。敬业堂主人王汝成为五品官,他以江革为楷模,不贪不腐,不受贿赂,堂堂正正做官,清清白白做人。石雕艺术赏析与家训政绩考量,有机地结合在一起,有异曲同工之妙。

附：静升王氏家训

王家大院之静升王氏家族，自元代迁居静升以来，迄今已有700年的家族史，在此期间鼎盛八代，历时500余年，作为昔日晋商豪门望族，其家族更以独特的宗族文化和姓族特点著称于世，被誉为灵石县历史上四大家族之一。清乾隆间，王氏十六世贡生王廷璋结合自家的行为规范，最终借用北宋贤士张思叔的《座右铭》立下家训："凡语必忠信，凡行必笃敬。饮食必慎节，字画必楷正。容貌必端正，衣冠必肃整。步履必安祥，居处必正静。作事必谋始，出言必顾行。常德必固持，然诺必重应。见善如己出，见恶如己病。凡此十四者，我皆未深省。书此当坐隅，朝夕视为警。"训言从衣食住行入手，到"温良恭俭让""仁义

静升王氏家训拓片

礼智信"五德五行收笔，把儒家的"修身、齐家、治国、平天下"贯彻始终。

该家训是静升王氏家族文化的重要组成部分，它对王氏族人的修身、齐家发挥着重要作用。时至今日，该家训仍不失为国人"修身、齐

程子四箴修身养性拓片

家"的行为指导。此外，从实用性角度对国学的深度挖掘，对当代中国人修身处世也具有很强的借鉴指导意义。

2015年12月29日，中纪委监察部网站"中国传统中的家规"栏目推出了王家大院专题。王氏家族不仅长期聚族而居、贫富相济，贤愚相亲，而且保持了悠久的辉煌。中纪委监察部网站认为"规矩"在维系着这个大家族的和谐，为助推王氏家族成为八代鼎盛的晋商名门望族发挥了极其重要的作用。

古堡绽奇葩　龙马比翼飞

——崇宁堡的实用价值与审美理念

崇宁堡始建于清雍正二至六年（1724—1728），建筑面积三万五千平方米。大小院落一百零八座，房屋九百六十间，在王家所建五堡中，它的建筑面积最大，建造时间最早，防范功能最强。更令人欣喜的是，崇宁古堡内有当代企业家吴靖宇、吴君宇兄弟开发的温泉汤池新区。使古堡天葩焕彩，日新其德，游人在这里既能体味到中国传统古民居深厚的历史文化内涵，又能在骊龙汤池澡身浴德，健身养性，解除疲劳，沐浴疗养，可谓古色新声各有千秋，风韵独到，相得益彰，游古建区厚古不薄今，游新建区厚今不薄古。可以说这里是"古堡升葆光，天葩焕新彩"。在这里游览后，可以使你在精神上、物质上得到更高的享受、更大的满足。

古军事要塞：壁垒森严，固若金汤

崇宁古堡处于静升镇位置最高、地势险要的西北方向。依仗有利地形，鸟瞰俯视，观景察敌，可攻可守。从建筑历史发展的传承角度看，无论是平面布局还是立体构建，这里都继承和发展了两千多年前西汉就出现的坞堡古建筑群，即四角建有角楼敌楼，堡门上设有门楼，气势雄伟，防范森严。堡内设有重重防卫线和封闭圈，多进院落的排列，既丰富了空间层次，又增添了防范功能。崇宁堡有东、西、南三道堡门，南门是主门，门内建有砖券藏兵洞六间（孔），类似于南京现存"中华门"

两边的藏兵洞，不过崇宁堡藏兵洞的规模要小得多。堡子正北不开门，堡墙高处建真武阁，有一种精神上的震慑力。真武是武将、武士们特别崇拜的北方神玄武，威镇北方辟邪驱魔。它和麒麟、朱雀、青龙合称四方之神。玄武也即灵龟，北属水，其色黑，故曰玄，龟有甲能捍卫,故曰武。《礼记·礼运》云："麟、凤、龙、龟,谓之四灵。"古人认为"麒麟信厚，凤知治乱，龟兆吉凶，龙能变化"，都是吉祥的象征。古有龟形鼎，是国之重器，比喻帝王之高位，用以祈祷国运久远。龟背隆起法天，腹部方平法地，龟龄长寿千年，能见存亡，预知吉凶，甲骨文以龟甲占卜就取这个意思。玄武在明代才兴盛起来，据传明初朱棣准备篡夺皇位，决定征战讨伐朱允炆统一全国，但兵力不足，便向北方玄武神帅乞兵助战，后来果然凯旋。于是大建玄武阁，南武当山玄武庙就建于此时。民间又称玄武为玄天上帝、真武大帝、荡魔天尊，王家修建真武阁供奉真武，也是期盼荡魔祛邪，得到玄天上帝的保佑。

静升镇自宋元以来，共建起九沟八堡十八巷，八堡象征八卦，并起到了"八防"的作用，即"防兵乱、防乡斗、防盗寇、防兽害、防干

崇宁堡南门

旱、防水灾、防寒暑、防地震"，是《周易》观象制器与宇宙和谐合一美学思想指导下的杰作。（参阅吴庆洲《中国军事建筑艺术》一书）"观象"指观察天象和地理位置，"制器"指修建古堡。八防对静升来说，显得十分重要。静升东临绵山，北有冷泉关，东南有韩信岭，都是关卡要塞，绵山山高沟深、森林丛生，山中常有猛兽出没，伤害家畜家禽，就在二十世纪末村民还捕获过一只金钱豹交给林业部门。历史上曾有过侯和尚造反一事，其人马就藏在这里伺机行动。小股土匪、残兵、强盗，总是不时出现于深山，骚扰百姓。韩信岭是山西南北交通要冲，自古就是兵家必争之地。因此静升建堡防范有着重要意义。

西堡子按东西南北中五方说，它位于西方，按红黄蓝白黑五色说，它属白色，按金木水火土五行说，它属金，金和白均在西方，因此西堡子即可称金虎，也可称白虎。这就形成了"虎卧西阙"之气势。白虎是吉祥义兽，宋戴埴《鼠璞·驺虞》中写道："汉儒尚符瑞，以龙、麟、凤、龟为四灵，后增驺虞，以配五行，曰龙，仁兽，凤，礼兽，驺虞（白虎黑纹，不食生物，有至信至德则出现），义兽。"可知原为"龙凤龟麟"四灵，到汉以后又增加了白虎，成为"龙凤龟麟虎"五瑞兽。《易经·系辞下》："古者抱牺氏之王天下也，仰则观象于天，俯则观法于地，观鸟兽之文，与地之宜，近取诸身，远取诸物，于是始作八卦，以通神明之德，以类万物之情。"八堡法八卦，五堡法五兽，正是在《易经》影响下出现的。西堡子无论从八卦方位，还是五神兽象征讲，均处于一个特殊地位。若按八卦，它处于乾位，《易经》对乾卦的解释是："乾，元亨，利贞。"意为刚健有力，大为顺利，亨通顺利，《说卦传》说"乾为天，为君、为大赤（太阳）"，这些都说明乾卦的重要性。

中国社会中的家庭观念，从母系氏族群居开始就很突出。进入阶级社会以后更加明显，地方豪强大多聚族而居，为了生命财产安全，常常将住处建成堡垒形式来保卫自己。王家也不例外，所修五堡三巷一条街，既是抵御敌人侵犯、保卫阖族生命财产安全防范的军事工程设施，

又是赖以生存的生活资料。据《创建崇宁堡碑记》载，清雍正二年（1724）静升王氏第十五世王宪云与十六世王文焕（均为监生），为族人和村人"安身计"，"出己资宰羊置酒，请众会议"，倡议在村西建堡，众皆响应。由于"事大工宏，族人公推王宪云、王文焕总理其事，同心协力，共襄咸事"，如愿建成。历史证明，这是继承历史古堡建筑、保全族人安全的成功之举。

法天亲地崇儒

崇宁堡和红门堡、下南堡一样，其建筑都是"王"字造型，寓王姓于建筑之中，表示王氏子孙永远守家立业，为祖上增光。孔子在两千多年前对"王"字的解释，就将天地人寓意其中。他将王字的上一横释为天，下一横释为地，中间一横则释为人，三才者天地人，天与地是由人来沟通的。《易经》说："天行健，君子以自强不息。""地势坤，君子以厚德载物。"说天道刚健，周而复始，永不止息，君子应效法天道，奋发向上，永不松懈。大地至顺至厚，而顺从天道，君子应效法大地，以深厚的德行来包容万物。这就是天人合一，天人感应，阴阳合德，刚柔有体，"以体天地之道，以通神明之德"。人在大自然中，要尊敬天，亲近地，在人文社会科学中，则要崇尚于儒。

崇宁古堡轴线明确，对称谨严，空间层次明显，等级森严，完全是按儒家最高道德标准不偏不倚的中庸之道来建造的，中轴对称的一甲、二甲、三甲宅院，也是按儒家思想命名的。一甲分别以福、禄、寿、喜、财民间五福命名。福，天官赐福；禄，加官进禄；寿，寿星高照；喜，喜得贵子；财，财源滚滚。这是人们对幸福生活的期盼，也是对美好前程的祝福。

最早的五福，出自儒家经典《尚书·洪范》："五福，一曰寿，二曰富，三曰康宁，四曰攸好德，五曰考终命。"民间五福中的福禄寿，指上元一品天官赐福，中元二品地官赦罪，下元三品水官解厄。三官中以天官为尊，是道教的紫微帝君，职掌赐福，被民间奉为福星。二品青灵帝君，职掌官禄，加官便能进禄，被民间奉为禄星。三品解厄帝君为寿星，实指南极老人星，最初是职掌国运之长久短暂，也就是国之寿。《史记·天官书》曰："老人（星）见，治安；不见，起兵。"《正义》曰："老人一星……为人主占寿命延长之应，见，国长命，故谓之寿昌，天下安宁；不见，人主忧也。"后被看作人间寿夭之神。喜神产生的时间较晚，不见经传记载，但它迎合了趋吉纳福的传统心理，在年节、婚嫁、生子大喜活动中均被奉祀。

旧传人生之大喜事有四："久旱逢甘霖，他乡遇故知，洞房花烛夜，金榜题名时。"这中间最大的喜事就是结婚生贵子，它牵涉到了人间传宗接代、家族兴衰的大事，因此王家把喜神放在福禄寿三星之后，列在第四位。王家把以喜字命名的院落十分巧妙地安排在堡内中轴线大道两旁，东西两边两座喜字院，正好拼对成一个"囍"形吉祥符图。又因为它位于底甲，离堡门最近，所以又叫它"双喜"临门。

中国民间的"五福"大多都落在财上，财与禄紧密相连，有了财便有福气，得钱财也是喜事。在中国人的心目中，吉象征平安，利象征财富，人生在世，既平且安，又有财富，就是十分完美了。求财纳福是人们根深蒂固的思想，敬财神也是民间重要任务之一。在过年时对财神边行礼边祷告，口中念念有词，"香红灯明，尊神驾临，体察苦难，赐福百姓，穷魔远离，财运亨通，日积月累，金满门庭"。或者祈祷："招财童子到，利市仙官来，穷神永离去，富贵花常开。"

《洪范》中的五福，把寿放在第一位，古人认为人在一切在，有人就有一切，所以把高寿放在五福之首。又因为中国的国情与西方不同，中国的道教思想也和外来的佛教、基督教大相径庭。基督教祈祷的是人死后升天，佛教是行善积德，涅槃后到西方极乐世界。而中国人所持的是一种现实观，他们的理想、幸福大多寄托于现实生命之中，执着于追求现实的超脱，追求生命的长久与无限，希冀长生不老，因此便把寿放在五福之首。

也可能是天人合一谶语的巧合，禄字院真的加官进禄了，创建崇宁堡总理纠首王文焕之孙王世泰，官至州同加五级"诰授中宪大夫""官至河东盐务"，他尽职尽责，急公好义，乐善好施。清乾隆二十四年（1759），灵石县大旱，他首倡赈饥，捐银千两，计口授粮，活人无算。乾隆四十四年（1779），灵石又遭重灾，他再捐银三百两赈饥。王世泰之次子王舟来，在以武卫为主旨的传统思想影响下，更重视骑马拉弓，舞枪弄棒，操练武术，练就一身过硬功夫，中乾隆乙酉科武举，辛卯科武进士。然王家到清乾隆年间，只有王舟来为唯一武进士兼武举，其他连一位文举人的学位都未出现过，文风之弱可见一斑。十五世王梦鹏取得生员学位后，为振兴王家文风，致力于教书育人之事业，才使王家文风大振。王家在清代官员不少，甚至有高至二品三品者，大都来自监生考取，然后累官上升。

底甲东部财院主人王文元，为王家二十三世，曾任国民政府中央银

王文元（1896—1965）

行二等分行经理。十二岁到天津德哈当学徒，民国十五年（1926）应聘为上海银行驻天津办事处主任。抗战时期奉命随国民党机构内迁，就任于四川宜宾三台县中央银行，他为内迁的中原造纸厂、中国制造厂，特别是为宜宾机场的维护和扩建提供了大量资金，为开辟"驼峰航线"加强抗战作出了特殊贡献。长子王春琪，毕业于清华大学机械系，任天津大学机械系教授，一生中完成了七个科研项目的改革，获两项专利，其新型可锻炼孕育剂，获1987年国家发明三等奖。次子王春祥，毕业于北京农业工程大学机械系，高级工程师，1986年因完成了天津大发汽车转间器总成项目，获天津市1988年度优秀新产品奖、"微应力高强度冷拔钢材及其制造方法"获国家专利并投入生产。

二甲建筑群分别以仁、义、礼、智、信五常命名。汉董仲舒《贤良对策一》："夫仁、义、礼、智、信五常之道，王者所当修饰。"唐柳宗元《时令论下》："圣人之为教，立中道以示于后，曰仁、曰义、曰礼、曰智、曰信，谓之五常，言以常行者也。"王家自六世起，以水木火金土五行分支论派，后改五行为五常，寓意和谐修德，常存于世。

第三甲建筑分东三合、西三合六个方合院，体现的是天人合一，六合同春，神人合一，普天同庆。三甲还有人工池塘二，六龙头不断向池塘内喷吐清水。

这三个甲把人对大自然及儒家的思想崇拜，体现在建筑文化中，与天地合德，与日月齐明，与四时合序，天人协调一致，除暴乱治纲纪。崇宁堡二三甲的命名，突出了儒家治国的"礼义廉耻""孝悌忠信"四维四德的思想。"孝悌忠信"是儒家倡导的四德，是基石，"礼义廉耻"是根本。孝悌伦常不齐备，"礼义廉耻"得不到伸张，国家就会衰败。

人无德不立，国无德不治，以德治国，以德建邦，是儒家的治国宗旨。

骊龙苏醒出宫，温泉泡汤养生

当代企业家吴氏兄弟奉公守法，爱国爱党爱人民，在"以德治国"思想鼓舞下，为弘扬中华优秀传统文化，终于在开发崇宁堡工程中创下了奇迹。崇宁堡三甲以上全是仿古建筑。这里原来的古建筑，在清中后期即已夷为平地，如今的仿古建筑是吴氏兄弟不惜工本，出资三亿多元，在一片废墟上重新建起来的。

更令人惊喜的是，在地质资料缺乏的情况下，吴氏兄弟凭借着"忻州—灵石—曲沃"三点一线之感觉，在连地质学家也不敢十分肯定的情况下，硬是凭着自己敢想敢干的勇气，便开钻凿井寻找温泉。结果天从人愿，终于在一千九百米深处，"挖"出一股温水泉。泉水出地48℃以上，含有多种微量元素，对人体多种疾病有很好的疗效，被称为"自然之验方，天地之元医"。新建顶甲大厅牌匾为"天葩焕彩"，旧辞出新

温泉之露天浴池

意，寓古老的建筑群里，又焕发出灿烂的新光辉。吴姓在历史上曾有"平地出清泉"的孝迹故事。据《分类词源·姓氏类》所载，宋代吴可几父亡，兄弟庐墓三年，孝感动天地，平地出清泉，号曰"孝子泉"。

崇宁堡之温汤泉，不在平地而是在山巅涌出。人往高处走，水也往高处流。这是人的力量，科技的力量，智慧的力量，改革开放的力量，荀子"人定胜天"的力量。王家大院终于在一千九百米深处打开地下宫殿，引沉睡在地宫亿万年的骊龙苏醒出宫，见了天日。这里的骊龙和骊山无关，和骊宫也无关。骊龙是指黑色之龙，可与华清池之骊马并驾齐驱。骊马取自历史故事，传说女娲补天大业完成后，把她所乘的骊马放养在山洞里，让骊马拉着山洞里的水车日夜转动，温暖水源源流出，让人们世世代代洗上了温泉澡。骊龙则是当代人对崇宁堡温水泉艺术思维的形象化，因之温汤池前的牌匾为"骊龙汤池"。池内有"海池""寿宫池""贵妃池""鸳鸯池""中药池"等。寿宫池专供老年人沐浴，贵妃池供女士们享受，鸳鸯池供新婚夫妇共浴，海池则是海阔天空，供更多的人沐浴。在这里，也可以在专设的汤池·"床"上悠闲自待，荡去污垢，净化思想，健康身体。另外还设有温泉游泳池和露天沐浴池，既可以泡汤游泳，又可以享受天然日光浴，满足游览者多方面的美好要求和愿望。尊重老一代，关怀下一代，是吴氏兄弟的道德本色，也是诚信厚德、造福后世、嘉惠当今、频施为民的善举。

以匾额抒情写意、深化感情

崇宁堡作为一个完整的居住空间，其装修装饰极为丰富，石雕、砖雕、木雕、彩绘既是主体建筑不可分割的构件，又具有独立自主的审美价值。以匾额来说，它可以深化感情，抒情写意，点题引径，体现人们的政治抱负和社会理想，是人们审美观念的升华。它在崇宁堡主体建筑中，起到了画龙点睛的作用，标榜着建筑的等级及主人的身份地位和对美好未来的期盼。

崇宁堡堡门石雕匾额"崇宁"出自《易经》，宋徽宗曾用它当过年号。"崇宁"的意思是说，圣人按照《易》来修养心身，提高道德，扩展自己的事业，崇高效法天，谦卑效法地，天的功德超出万种物类，给万国带来康宁，成全万物的本性，维持万物的生存，"崇宁"就是进入天地道义的门户。崇宁堡所推崇的治国四纲"礼义廉耻"，儒家四德"孝悌忠信"，正是通过崇宁道义之门而进入的。因此"崇宁"的底蕴深厚，值得玩味。

堡门内的"槐厅"源自西汉的"槐市"，当时各地书生持本郡所出特产及书籍，互相买卖，沟通有无，当时既称"槐市"，又称"学市"，到了宋代才称"槐厅"。旧传入居此阁者多至入相，槐厅直接和读书人联系在一起，成为书生士子扬名入仕的捷径。

北厅牌匾为"天葩焕彩"，语出汉张衡《思玄赋》"天地烟煴，百卉含葩"，指阴阳天道和合，气候适宜，百卉含苞欲放，使庭院光彩四溢，华丽无比。《诗经》又称葩经，兼有文采焕发之意。

崇宁堡南门门楼，是重檐歇山顶抱厦，品位很高，一般庶民百姓修建不起，也没有这个资格。楼内走马板上彩绘着"岳母刺字""桃园结义""苏武牧羊"等忠孝节义彩图，为什么把它放在门楼首要位置？《王氏族谱》有"业贾起家，货殖燕齐，加官晋爵，步入官场"的记载。中国自古就以农业立国，重农轻商，农为本，商为末，商人有很多限制，如不准举孝廉受官进禄等。因此一般商人经商致富后，便要置几亩田地，"以末至财，以本守之"，用农耕来装潢门面。另一方面是用"忠孝节义"来标榜自己，成为商贾尊崇的"四德"。特别是山西商人，更是讲信用、重义气，得到各地顾客的信任，生意遍布全国。堡门牌匾"乌衣聚秀"，典故中的乌衣，巷名，东晋时王谢诸族所居之地。唐刘禹锡《乌衣巷》曰："朱雀桥边野草花，乌衣巷口夕阳斜。旧时王谢堂前燕，飞入寻常百姓家。"乌衣聚秀，是对昔时王家的赞扬，也是对今日开发者的歌颂，内涵十分清楚。水榭亭，上为亭下有水，匾额为"延清晖""纳万象""觞咏"，这里可以对弈，可以吟咏，可以品茗赏酒，可以吟诗属文，可以观鱼赏荷。堡墙上的角楼敌楼，匾额韵味十足，如"迎丽日"，"纳碧天""候明月""含远色""览辉""接天汉""敦诗书""敞八风""说礼乐""守俭抱素""仁以缴风""清能励俗"等。匾额是附着于建筑的小品，可以观化听风，观风察俗，读之有声，观之有形，品之有味。立意清新，蕴含着浓厚的思想感情和审美情趣。

崇宁堡作为一个完整民居空间，其装修装饰更是丰富多彩，石雕、砖雕、木雕、彩绘既是主体建筑不可分割的构件，又具有独立自主的审美价值。主要内容有：图腾崇拜，如龙凤纹、鱼纹、鸟纹；从生殖崇拜到性崇拜，如连生贵子、瓜瓞绵绵、麒麟送子、凤戏牡丹、金衣多子、鱼戏莲、月下老人等；物候历法，如鹿鹤同春、春燕剪柳等；吉祥图案，在崇宁堡表现得最为丰富突出，如龙凤呈祥、狮子绣球、平升三级、寿居耄耋、五福捧寿、万象更新、河清海晏、鲤鱼跳龙门等；神话传说，有刘海戏金蟾、和合二仙、福禄寿喜财五神、八仙庆寿、蟠桃献寿等。尤其值得注意的是茶馆石雕墙基石上雕有"葛仙翁之帝苑仙浆"图，陆羽"烹茶图"，唐寅"事茗图"，吴门四家"松间煮茗图"，苏轼、辩才"品茗语经图"，茶叶史家"叶梦得图"等，显示出主人对茶文化的爱好，对文人品茗的崇拜，达到消志虑，开聪明，追求人生，淡泊明志，宁静致远的韵味。以上内容可概括为祈子延寿、纳福招财、驱邪避灾三种恒常主题，通过象征、寓意、谐音、符图多种手段表现出来，希冀家族姓氏传承延续，门第显赫，积厚流光。

崇宁堡从雍正二年（1724）开始创建到雍正六年（1728）竣工后，时隔80年到清嘉庆十三年（1808），族人曾投资补修堡墙，同年四月十九日勒石记载此事。静升王氏分金、木、水、火、土五股，崇宁堡内的王姓以水、土两股为主。史料记载，此堡比红门堡早建34年，比高家崖早建72年，距今已有近三百年的历史。进入21世纪，灵石县人民政府本着"严格保护，有序管理，合理开发，永续利用"的原则，决定接受民间投资，对崇宁堡进行全面修复开发。今有民营企业家吴靖宇先生，本县段纯人。怀着对灵石文化旅游事业高度负责和献身于社会公益事业的雄心壮志，深刻认识到开发崇宁堡的重大意义，它不仅是完整再现王家大院康、乾、嘉的重要历史阶段，而且充分反映王家农、商、仕的繁荣发展历程；它不仅拥有王家人引以为荣的人文历史，而且担负着衬托王家大院历史沿袭的重大责任；它不仅与现已成熟开放的王家大院形成静态观光和动态体验的紧密格局，而且具有同样重要的历史地位和现实价值，相辅相成，相得益彰。他下大决心，整合多年从事煤炭企业的资金优势，筹巨资三亿余元致力把崇宁堡打造成集吃、住、行、游、购、娱于一体的会议会展、休闲娱乐、温泉养生、民俗展示、影视拍摄、工艺制作、文艺演出、研讨论坛、信息交流的综合旅游文化产业基地。全面塑造文化古堡、民俗古堡、动态古堡、神秘古堡、生态古堡，使之成为晋商大院文化中凸显民俗风情的魅力城堡。通过运用各种手段和技术，实现游客能看到、能闻到、能吃到、能听到、能玩到、能买到。全景式展示王家地脉、人脉、文脉历史人文风貌，营造出明清时期的典雅空间，使人恍若置身于远古圣境，陶醉在历史长河，回味无穷。

突破吉祥图案窠臼、
体现说事论史特色的装饰纹图

中国古代建筑装饰，从原始社会开始，一脉相连，一直沿袭到明清，但每个时期有每个时期的个性特色和风格特征。不管哪个时代，都离不开社会意识形态和社会制度，特别是经济基础对装饰文化起到了重大影响作用。

新石器时代，人们生活水平低下，艺术也在初创时期，其装饰朴实淳厚，注重实用。奴隶社会出现了阶级，奴隶主要宣示他的尊贵地位，其装饰显示的是神秘、威严、奇特，如饕餮龙纹等。两汉既写实又夸张，写实主要写历史之实，如山东武氏祠石雕尧舜禹等历史人物，非常重视气势，不求形似的真实。

大唐帝国经济大发展，军事力量强大，其装饰雄伟豪放，博大富丽，十分壮观，表现的是民族气质和大唐帝国的恢宏。宋代在中国的统治时间最长，重文轻武，苟且偷安，沉醉于赏画玩鸟、欣赏奇石异景的享乐生活之中。其中，南宋为之更甚，大凡打仗败多胜少，失败就赔款，反正享受一天算一天，得过且过养花玩鸟。南宋时期花鸟成为装饰的主要题材，用雅典秀美来粉饰现实，以此来安抚统治者的心灵。

明清情况就不同了，统治者用铁的手腕夺取了政权。明成祖朱棣，身披铠甲，亲自出征，篡权后又将建文皇帝的文武大臣斩尽杀绝。因此，图案装饰工整严密，图案设计走向定性化、规格化，如民间绘画中的龙，若是五爪，被视为反上，轻者受罚，重者判罪。清代更是马上得来的天下，但夺取政权后，很快就恢复了科举，用汉民族传统的儒家思想来治理国家。清政府十分重视思想统治，因此有"明修长城清修庙"的说法。与清政府思想统治有关的是文字狱酷刑的出现，当时，一个字用错便有砍头的危险。在建筑及装饰领域里，清代规定了严格的等级制度，违章违制定遭严惩。为了少惹是非，建筑装饰仿古、仿旧、仿真蔚然成风，出现了纤细繁密的趋势，用寓意、谐音、象形、象征等构图手法，来宣扬封建伦理道德观念，形式上保持了清新朴实的民俗化、世俗化特点。

王家大院主人是官、商结合，所有建筑坚固豪华，等级品位严格，三雕艺术十分突出，素有集大成者之美称，特别是在装饰纹图上突破了纯吉祥图案的窠臼，体现出谈史论事、说古道今的特色，基本上做到了"图必有意，意必吉祥"。"以图叙事""以图论史""一图一天国""一花一世界"，一件装饰纹图，讲述一个完整的趣味故事，一件装饰纹图，记录一段光辉的历史事件，一件装饰纹图，隐藏一个潜在的秘密世界。从这些纹图中，我们可以看到历史精神、时代价值、文化层次。因此我

乐善堂前院

们说，王家大院的三雕艺术，是一本厚厚的刻写在石头、木头、砖头上的史诗，它记录了自陕西岐山凤雏村西周宫殿遗址以来三千年的建筑历史，也可以说是中华三千年古建筑的集大成者。关于三雕艺术内涵，拙著《王家大院三雕艺术浅谈》等文中已有阐明，不再赘述。现在要解释的是，在王家大院的一部分图案中，我们又有新的发现、新的认识、新的突破，需要进一步探讨。

高家崖乐善堂、敬业堂两个建筑群，由王汝聪、王汝成兄弟修建于嘉庆初年，

松竹院石雕楹联「学有渊源庭列嘉树，居无尘杂阁明照藜」

正厅三间七架，是招待达官贵宾、至亲好友及举办婚丧礼仪之所。在宅院所有建筑中，正厅的空间最大，装饰精美大方，除雕梁画栋外，内檐隔扇绦环板和裙板上，分别雕有卷草龙和拐子龙，隔心是无棂大空框，框内装有山水画、花鸟画及书法。这些书画是先绘在宣纸上，再加以装

裱，故可以新旧交替更换，它不像纸糊窗户每年更换一次或数次，而是数年更换一次。名家名作绘在白色绢纸上，保存时间会更长，也更雅致。隔扇上方有走马板十二块（乐善堂、敬业堂各六块）分别彩绘"伯牙鼓琴""楚相孙叔敖""燃藜图""饮中八仙""苏武牧羊""孟母择邻""右军宠鹅""伏生授经""春夜宴桃李园""竹林七贤""负薪读书""贫不卖书"等。前六幅为乐善堂走马板上彩绘，后六幅则是敬业堂彩绘。典故是对往事的回忆，对未来的期盼。

这十二幅彩画，每幅图都讲述一个完整的历史人物故事，既使人通过故事受教育，又鼓励人奋勇向前。"燃藜图"故事出自汉光禄大夫刘向，据《三辅黄图》载："刘向于成帝之末，校书天禄阁，专精覃思，夜有老人着黄衣，植青藜杖，扣阁而进，见向暗中独坐诵书，老父乃吹杖端，烟然，因以见向。授以五行洪范之文……至曙而去。请问姓名，云：我是太乙之精，天帝闻卯金之子（指刘向）有博学者，下而观焉。"后"燃藜"成为夜间攻读或勤奋学习的典故。王家大院不仅走马板上有彩绘《燃藜图》，在石雕对联上也有这一典故的文字表现。红门堡三甲松竹院大门石雕楹联下联即为"居无尘杂阁明照藜"，"照藜"即"燃藜"，是冀望后代子孙刻苦学习，成为国家栋梁之材。

"右军宠鹅"，又名"羲之爱鹅"，王羲之生性爱鹅，会稽有一孤居姥姥养有一只鹅，十分善鸣，羲之求购未成，遂随同亲友前去观看。姥闻羲之将至，便将鹅杀而烹熟，以待羲之，羲之叹而离去。后又闻山阴一道士好养鹅，羲之前去观看，十分高兴，求高价买之，道士分文不取，只求羲之为写《道德经》便可赠送。羲之欣然提笔写毕，笼鹅而归。王羲之特喜白鹅，他模仿鹅的脖颈创造了执笔法，从鹅的划水中悟出了运笔法。这是一种天赐的神韵。唐张怀瓘在其《书断·上》中说："先禀于天然，次资于功用，而善学者，乃学之于造化，异类而求之。"宋画家曾云巢（字无疑），"工画草虫，年迈愈精，余尝问其有所传乎？无疑笑曰：是岂有法可传哉！某自少时取草虫笼而观之，穷昼夜不厌，

乐善堂客厅帘架架心"八方进宝"

又恐其神之不完也，复就草地观之，于是始得其天。方其落笔之际，不知我之为草虫耶，草虫之为我也，此与造化生物之机缄（造化力量）盖无以异。""师造化，法自然""笼中得形""草地得天"，与王羲之从鹅的运动中悟出笔法是同一道理，都是达到了艺术的化境。

从王家大院大厅的装饰文化中，我们可以体会到中华优秀传统文化丰富的内涵、淳厚的韵味，也可以体验到中国封建社会文人士大夫的情趣、操守和理想，这些装饰文化同时也渗透着文人士大夫的哲学、美学、艺术观念。

在王家大院三雕艺术中，装饰纹图以图讲史，以图记录光辉历史事迹的，多次出现。木雕帘架"八方进宝"，记录了汉武帝封泰山的历史事件，是汉武帝北征匈奴之后，国土扩大，边疆巩固，国泰民安，同周边国家和睦共处、礼尚往来的最好见证。《后汉书·祭祀志》载，汉武帝登泰山筑坛祭天，"乃上石立之泰山颠"。注引《风俗通义》曰："石高二丈一尺，刻之曰：'事天以礼，立身以义，事父以孝，成民以仁，四海之内，莫不为郡县，四夷八蛮，咸来贡职，与天亡极，人民蕃养，天禄永得。"这是说汉武帝时，文治武功，治国有道，四海以内，空前大统一。周边无论大国小国，都来献宝进贡。当然周边国家所谓"贡职"，都是薄来厚往，汉朝回赠的礼物，远远超过进贡礼物的几倍甚至十几倍。"与天无极"，是说汉武帝懿德感天动地，人口增多，永远享受天赐福禄。

汉武帝时期，张骞奉武帝之命两次出使西域，此举打开了丝绸之路，西域诸国始通于汉，中原铁器、丝织品等传入西域，西域诸国的音乐、胡琴、核桃、葡萄、苜蓿等传入中国。其后，东汉班超于永平十六年（前73）投笔从戎，带领三十六人赴西域，直通到地中海东海岸的今巴格达、罗马等地，保证了西域各民族的安全以及丝绸之路的进一步畅通，加强了中原与西域各地人民的友好往来，促进了经济文化的广泛交流和发展。盛唐时期，唐僧玄奘赴印度学习佛经等佛教文化，使中国与印度文化有了更充分的交流。反映上述历史事实的雕刻造型，是红门堡松竹院东腰门上的石雕门枕石。门枕石上方雕两个狮子郎牵着两只狮子，一只驮着法螺（佛家八宝之一），一只驮着锦缎。类似须弥座的层面上，雕四个胡人形象的大力士。这一纹图明明白白地记录了西汉、东汉、唐代多次通使西域的历史事件。张骞、班超出使的重点是物质文化交流，而玄奘取经的重点是精神文化交流。丝绸之路促进了欧、亚、非各国和中国的友好往来。

反映丝绸之路大题材的门枕石

"九合诸侯，一匡天下"，是红门堡堡墙东北角楼上的木雕挂落，上雕九只狮子戏绣球，并雕有夔龙数条。王家大院木雕"九合诸侯，一匡天下"，是对清政府四海一统、国泰民安的歌颂和赞扬。另外，"狮""世"谐音，九狮也就是"九世"，"九世同堂"。张公艺家族九世同堂，从北齐开始，就受到地方政府和王室的嘉奖。《旧唐书·张公艺传》："郓州寿张人张公艺，九代同居。北齐时，东安王高永乐诣宅慰抚旌表焉。隋开皇中，大使、邵阳公梁子恭亦亲慰抚，重表其门。贞观中，特敕吏加旌表。麟德中，高宗有事泰山，路过郓州，亲幸其宅，问其义由。其人请纸笔，但书百余'忍'字。高宗为之流涕，赐以缣帛。"张公艺九世同居，在中国恐怕是独一无二的了。如果按百年传三世推断，则九世要经过三百年的时间，这是多么不容易啊，他因此能受到北齐、隋、唐三朝帝王的重视，载入史册，也受到更多大家族的羡慕。王家大院用这样的装饰纹图来鼓舞家族团结一致，发愤图强，起到精神上的鼓励作用。

生命生殖崇拜是民间美术永恒的母题

王家修建的规格最高的前堂后室院落有五座。前堂是社交活动的空间，也是向外开放的空间，由男人主持；后院是私密性、隐匿性很强的完全封闭的空间，由女人主持，因此一切雕饰图案都和女性生殖有关。

以敬业堂后室（或称后寝）为例，有关生殖繁养雕刻装饰应有尽有，而且从生殖到状元及第平步青云，成为一个组织布局谨严的系列雕

刻。比如鱼穿莲、鹭鸶食鱼、鹭鸶踩莲、凤戏牡丹、喜鹊登梅、天赐麟儿、仙鸡送子、五婴戏莲、五子夺魁、状元及第、飞马报信等石雕、木雕纹图，全面反映了从两性结合到生子蓄息再到科考及第、平步青云的人生大道。后室垂花门前后两个垂柱，均雕以荷花。《群芳谱》说荷花"凡物先华而后实，独此华实齐生"，寓意早生贵子。又因"莲""连"谐音，又

石雕看面墙『凤戏牡丹』『鹭鸶踩莲』

寓"连生贵子"。垂花门两边的看面墙上，东为"凤戏牡丹"，西为"鹭鸶戏莲花"。俗语有"凤凰戏牡丹，两家都喜欢"，"鹭鸶戏莲花，两口子遇上好缘法"。东西厢房窗棂上的木雕为"鱼穿莲"，其造型独特，构思精巧，在所有鱼莲文化中实属少见，甚至可以说绝无仅有。鱼头从花心穿入，从花蒂穿出，鱼喻男根，俗语有"鱼穿莲，十七十八儿女全"之说，是洞房花烛喜庆之纹图。与此相对应的东厢房墙基石上，雕有"唐夫人乳姑奉亲""仙鸡送子""麒麟送子"等。堂屋檐廊下之木雕挂落，为木雕"五婴戏莲"，中间一子坐在莲蓬上，是指莲蓬生子，其余四子分别坐在荷叶上，是指荷叶生子，正面堂屋墙基石，中间为"五子夺魁""指日高升"，两边为"飞马报讯"。这些雕刻全面反映了从两性结合到生子蕃息再到步入官场的人生大道全过程。

和"唐夫人乳姑奉亲"相对应的是"汉江革行佣供母"，二者均出自《二十四孝》，同属孝敬父母的道德品质教育故事。另外还有"海马

"天赐麟儿""仙鸡送子"墙基石拓片

翼拱"连生贵子"

流云""吴牛喘月",前者鼓励子孙海纳百川,转益多师,奋勇向上。后者是教育后代时刻谨慎小心、约束自己,夹起尾巴做人,勿犯天条。明清文字狱十分厉害。雍正朝江西主考查嗣庭,考题用了《诗经·商颂·玄鸟》中的诗句,取"维民所止"中的"维止"为考题,原意是让考生歌颂雍正朝继康熙之后再次兴起的盛景。不料有人告发"维"和"止"恶毒地影射雍正皇帝无头,罪不可赦。朝廷调取考卷,见果然如此,当即交刑部捉拿主考官归案严审,查嗣庭不几天便死在狱中。

乐善堂正厅内檐隔扇正中之翼拱上的莲花丛中,雕有四个男孩,两个紧扒在荷叶茎上,两个在水中戏耍。明陈继儒《群碎录》中载:"七夕,俗以蜡作婴儿形,浮水中以为戏,为妇人宜子之祥,谓之化生。"古俗七月七日晚弄化生,祝妇人早生男孩。正厅正中之翼拱上雕"莲生桂子",可见把生殖生命放到了崇高的位置之上。男根的异名甚多,如屌、鸟、鸡咕等,不一而足。先说鸟,大凡凤凰、喜鹊、鹭鸶、鸡等,都属鸟类,鸟和花、鱼结合中,又都代表男性,鸟在这里发"吊"音,其意同屌。《水浒传》中有许多地方都出现过,如"鸟人""鸟官",《水浒传》第三十回,"武松指着蒋门神,说道:'休言你这厮鸟蠢汉!景阳冈上那只大虫,也只三拳两脚,我兀自打死了'"。第七十一回中,李逵高声骂道:"招安,招安,招甚鸟安!"元杂剧王实甫《西厢记》三本三折:"赫赫,那鸟来了。"电影《断刀》中彭师也骂三十八军梁兴初,

"什么主力部队，主力个鸟"。洪洞等地称男小孩为鸡咕，无独有偶，河南浚县正月十五和七月十五大庙会上，不生娃的妇女，买整篮泥玩，散给男孩们，为的是讨个生子的吉利口彩："给个咕咕鸡儿，生子又生孙儿。"四川木里县大坝村有一个鸡儿洞，里面供30厘米高的石祖（男根），当地妇女为了乞求生子，常到洞里烧香叩头，向石祖膜拜。

凤凰是鸟中之王，牡丹是花中之王，凤戏牡丹除示富贵外，则寓男女结合，俗语有"凤凰戏牡丹，两家都喜欢"。鹭鸶踩莲、鹭鸶吃鱼也都是以鸟喻男，莲花鲤鱼喻女。有的地方称男人娶妻为"吃媳妇子"，在一些偏远山区，至今还保留有这个俗语。就鱼和莲花来说，俗语更多。如，"鱼儿戏莲花，两口子结下好缘法"，"鱼儿闹莲花，夫妻两个没麻搭"，"男枕狮子女枕莲，枕头底下结姻缘"，"男枕狮子女枕莲，十七、十八儿女全"，"男枕石榴女枕莲，荣华富贵万万年"。喜鹊梅花结合，称为"喜登梅""喜上眉梢"，同样是以喜鹊鸟喻男，以梅喻女。西南少数民族民歌中有赞颂喜鹊登梅的民歌曰："哥是天上喜鹊飞，妹是地上一树梅，喜鹊落在梅枝上，石击棒打不离飞。"因此我们说"喜鹊登梅"本身就隐藏着一首感情非常深厚的爱情诗。

鱼莲文化装饰在红门堡也有，雕刻最完美、艺术性更高、内涵也更深刻的，是三甲西巷坊门斗拱上的荷叶生子，其造型是一个婴儿伏卧在荷叶内，手持两个荷花花蕾，花蕾含苞欲放，生机盎然，形象生动，雕刻细腻，这一纹图在魏晋南北朝时即已出现。《杂宝藏经》中有鹿女步步生莲花的故事，是说鹿女每走一步都生出一

"青云得道"翼拱（上）及"荷叶生子"坐斗（下）

朵莲花，后来鹿女被梵豫国国王娶为第二夫人，生千叶莲花，每片叶上有一个小孩，寓得一千个儿子。《华严经》说："佛土生五色茎，一花一世界，一叶一如来。"《梵网经》说，卢舍那佛坐千叶大莲花中，化出千尊释迦佛，各居千叶世界中，其中每一叶世界的释迦佛，又化出百亿释迦佛。如果说"连生贵子""早生贵子"是儒家"不孝有三，无后为大"的生殖崇拜，那么"五婴戏莲""荷叶生子"，便和"千叶莲花""大叶莲花""化生出百亿释迦佛"，同是借莲生子，借莲化生了。

间接的生殖崇拜，还得再提一下"八方进宝"。汉武帝封泰山，立石以礼天，石高二丈一，为阳数，是男根的象征物，石上刻"与天无极，人民蕃息，天禄永得"，也透露出泰山封禅的生殖崇拜文化信息。因为泰山是天地交合的岱宗，是崇日的圣山，天帝之子汉王统一了天下后，便成了人间的太阳，封泰山则是感谢皇天后土，求天公地母确保人民蕃息，国泰民安，江山稳固，天禄永得。

王家大院众多的生殖崇拜作品，是通过对鱼莲、鹊梅、凤凰牡丹文化的借用，隐喻人类的性爱和生殖活动。生命生殖是人类最基本的生存条件之一，而鱼穿莲之类的美术作品，正是人类生殖繁衍的艺术化、审美化。因此我们说这些雕刻艺术作品，"不是黄色淫秽的商品广告，更不是轻薄鄙陋的淫乱之作，而是民间美术家、艺术家继承了五千年传统艺术的精华，并加以发展创新的民族民俗文化作品。"（见《陕西民间美术研究》）王家大院将它借来作为对子孙性教育的严肃郑重的文化结晶，它散发着古老文化的气息，充满蓬勃的生命欲望。中央电视台十三台新闻频道报道，曾有人指出对高中以上学生进行性教育，遭到一些人的反对。但实际上王家早在二百多年前，或者更早的时间，就已经通过民间美术作品，对其子女进行性教育了。在王家大院民间美术造型中，无论是直接反映对生殖生命的崇拜，还是间接表现对生殖的渴求，都反映了人们对生命、生殖的炽热追求，这些情感冲出艺术的表面外壳，进射出动人的火花。

王家大院的鱼莲文化装饰与生殖崇拜

　　生殖崇拜在我国传统文化中，占有重要地位。儒家的礼制文化，是由远古生殖崇拜和自然崇拜发展而来的。孟子云："不孝有三，无后为大。"这是儒家的男根生殖崇拜。《老子》曰："玄牝之门，是为天地根。"这是道家对女阴生殖器的崇拜，是对母系氏族社会的肯定。儒家男根生殖崇拜的阳刚之气，和道家女阴生殖崇拜的阴柔之气，构成中国生殖崇拜文化，它对中国传统文化有极为重要的影响。

　　以鱼莲文化为主题的建筑装饰，在山西灵石县静升镇王家大院建筑小品及其构件上，表现丰富，题材多样，占有十分重要的地位。莲本身

山花［悬鱼惹草］

有许多祝吉、祝祥含义，如单独莲花的文图，为一品清廉，象征官高爵显，廉洁奉公。古人称莲花为花中君子，明代《群芳谱》说它"凡物先华而后实，独此华实齐生（寓意早生贵子），百节疏通，万窍玲珑，亭亭物华。"宋人周敦颐《爱莲说》中盛赞莲花："予独爱莲之出淤泥而不染，濯清涟而不妖，中通外直，不蔓不枝，香远益清，亭亭净直，可远观而不可亵玩焉。"莲花藏世界，表示佛教净土，是报

身佛所居之净土，又象征教义的高洁。故莲花在我国人民的心目中是最美好的吉祥花。早在春秋时代，就出现了"莲鹤方壶"青铜器。另外如"木固枝荣""河清海晏""因荷得藕""连年有余"等纹样，在

"一路连科"过门石拓片

建筑物、画稿、器物上经常出现。

鱼文化在中国出现得更早。鱼和人民生活联系得更紧密，在母系氏族时期的半坡遗址中就已出现彩陶人面鱼纹饰，或者更早在山顶洞人遗址中，就已出现鱼骨的装饰品。随着社会的向前发展，鱼文化有了更多的含义。如建筑物上的鱼形纹饰，像"吉庆有余""连年有余""金玉满堂""鲤鱼散子""鱼跃龙门""双鱼吉庆""家家得利""富贵有余"等，日积月累，鱼也就成为民俗文化中重要的组成部分。

王家大院作为民族民俗文化的载体，鱼莲文化表现得尤为突出，山墙上的悬鱼惹草，窗棂上的鱼穿莲，过门石上的一路连科，挂落上的五婴戏莲、鸳鸯荷花，坐斗上的鱼穿荷叶、荷叶生子、莲蓬生子，窗棂上的一品清廉、鹭鸶踩莲，无一不体现出对生殖的崇拜。

期盼多子，则离不开性爱、性结合。《礼记·昏义》开宗明义，写道："昏礼者，将合二姓之好，上以事宗庙，而下以继后世也。"在王家大院的木雕、石雕、砖雕中，均有象征性结合、性崇拜一类的艺术小

品，而且带有系列性。例如鱼穿莲，造型独特，雕刻精细，已经伴随主人存在了200年，位置处在儿孙们居住的东西厢房。这实际上是一种性教育，鱼头从花心穿过，从花蒂钻出，首尾看得清清楚楚。

窗棂"鱼穿莲"

这一构图是通过对自然界鱼莲自然生态形象的借用，隐喻两性结合夫妻和好，是生命繁殖的艺术化。花是植物的生殖器官，而莲花又是生命力极强的水生植物，因此，莲花也就成为妇女生殖的象征。至于鱼，则是作为偶合多子的象征。在鱼穿莲中莲花作为女性生殖的象征，鱼则是男性生殖器官的指代。闻一多先生说："鱼喻男，莲喻女，说鱼与莲戏，实等于说男与女戏。"又说："野蛮民族往往以鱼为性的象征。古代埃及、亚洲西部及希腊民族亦然，亚洲西部多崇拜鱼神之俗，谓鱼与神之生殖功能有密切联系。至今闪族人犹视鱼为男性器官之象，所佩之厌胜物有波伊欧式尖底瓶，瓶上饰以神鱼，神鱼者彼之禖神赫米斯之象征也。疑我国谣俗以鱼为情偶之代语，亦出于性的象征。"与鱼穿莲花同时出现在王家大院的，还有砖雕鱼穿荷叶和木雕坐斗上的鱼穿荷叶，以及荷叶生子、莲蓬生子。荷叶，就形象来说酷似胎盘，因此，鱼穿荷叶、荷叶生子就不难理解了，尤其是《俗语佛源·步步生莲花》中说，步步生莲花的鹿女，被梵豫国王娶为第二夫人，生千叶莲花，每片叶上有一个小孩。王家大院木雕挂落上的五婴戏莲就是四个婴儿分别坐在四片荷叶中，中间一婴儿则坐在莲蓬上，是由性崇拜到生殖崇拜的系列。

在汉民俗文化中，还以"莲"谐音连生贵子。莲花的"华实齐生"就是"早生贵子"的寓意，因此莲蓬生子，即是早生贵子的祝愿。莲里生子，在王家大院有六处，"子"大都在莲根上生出，有的浮出水面，有的则爬上了枝茎，当地老百姓说，莲生贵子是要从根根上生哩，不然无根基不稳固。这六处莲根生贵子，两处在砖雕门楣上，两处在翼拱上，一处在仿木结构照壁的拱垫板上，一处在大门博风板上。翼拱上的莲生贵子，有两个还在水中，两个已爬上了荷叶叶茎，看上去很有动感。这些莲花童子是男性生殖崇拜的神化，有如西方的爱神丘比特，是爱的结晶，生命的象征，另外还有表现爱情的如凤戏牡丹、喜鹊登梅、蝶恋花、鸳鸯荷花等，也是男女交合的象征。

对生殖器官的崇拜，是为了获得生育繁衍的超凡能力。男女合婚及子孙的繁衍不仅仅是个人的大事，更关系到宗族的兴旺、国家的强盛。故结婚成为人们的终身大事，而生育又是大事中的大事，故求子祈寿，成为古人期盼的头等重要的愿望，这也便产生了男女生殖器崇拜，如仰韶文化晚期和龙山文化时期的遗址中都出现过"陶且"和"石且"以及木质或金属的"且"，"且"是"祖"的原始象形字，即以男性生殖器为祖宗崇拜。

原始的生殖崇拜或生殖器崇拜，一直影响到现代。云南石钟山第八窟上层正中一龛，仰莲坐上为一锥状物，它正面中间凿一深槽，形状如女性生殖器，剑川白族群众叫它阿盎白，"阿盎"是白语"姑娘"，"白"是"生殖器"。每年正月十五和八月初一的庙会，妇女们都要赶来朝山洞，崇拜阿盎白，期盼子嗣。王家大院还有表现两性特征的马和牛的雕刻艺术等。

总之，王家大院众多的装饰图案

墙基石"指日高升"

中，有一部分体现的是生殖崇拜或者说是生殖器崇拜。这里有体现"将合二姓之好"的鱼戏莲、凤戏牡丹、喜鹊登梅、鸳鸯荷花、鹭鸶踩莲等，更有"上事宗庙，下继后世"的五子戏莲、莲里娃娃、天王送子、麒麟送子、仙鸡送子以及体现"修身、齐家、治国、平天下"的五子登科、五子夺魁、指日高升、状元游街、封侯挂印、辈辈封侯，最终则是要达到富贵昌盛、福禄寿考、七子八婿官高位显的显耀乡里的世家，即木雕挂落"满床笏"。

（第十五届澳门全国荷花展暨荷花分会年会征文，原载中国林业出版社2001年版《灿烂的荷文化》）

源远流长、内涵深邃的王家大院匾额

王家大院存厚堂西路书院后院屏风门木匾,上书"规圆矩方,准平绳直,祥云甘雨,丽日和风"。这十六字是乾隆十七年(1752)进士、内阁学士、大学者翁方纲的笔迹。2002年4月1日,朱镕基总理视察王家大院时,看了翁方纲题写的匾额后说:"这十六个字的韵文,还可以倒过来读:'风和日丽,雨甘云祥,直绳平准,方矩圆规。'回文回读。"规矩准绳,是画圆、画方测水平、打直线的工具,喻指一定的法度、规矩、标准(《辞源》)。《礼记·经解》:"礼之于正国也,犹衡之于轻重也,绳墨之于曲直也,规矩之于方圆也。"意思是说,用礼来治国,好比用秤来称轻重,用绳墨来量曲直,用规矩来画方圆。如果把秤认真悬起来,是轻是重就骗不了人,把绳墨认真拉起来,是曲是直就瞒不了人,把规矩认真用起来,是方是圆就一目了然。如果把这四项工作做好

翁方纲书写木匾真迹

了，就会使国泰民安，也就是翁方纲说的"祥云甘雨，丽日和风"。

朱总理不只对翁方纲的笔迹十分欣赏，对王家大院的古建筑群也赞不绝口。他说，红门堡的建筑古朴厚重，是清代古建筑的代表作之一。他对存厚堂东路松竹院的"狮子郎牵狮"，(《营造法式》称为"拂菻"，唐称"昆仑奴")也很感兴趣，说张骞是丝绸之路的先行者。在视察结束后，朱总理在休息时题写了"王家大院"四个大字。

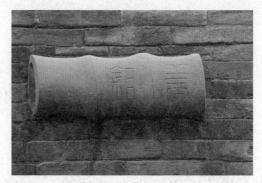

此君额"笔锄"

此君额"龙竹"

镶嵌或悬挂在古建筑门堂上的匾额、牌匾，至迟在秦汉时便已出现了。当时称"扁"。扁，从户、册，是会意字，意为在门堂上题字，户即门，册，取简册意，简册用竹简编成，上面写了字，然后挂在门上或堂前，统称为"扁"。到了东汉，"扁"的题写内容又加以丰富和发展，《后汉书·百官志》："三老掌教化，凡有孝子顺孙、贞女义妇、让财救患及学士为民法式者，皆扁表其门，以兴善行。"封建礼教也成了扁表的主要内容，并成为宣扬封建礼教的重要手段之一。后来把安装在门堂上题有文字的横牌也称为"扁"，为了区别字义，扁字加匚，成为"匾"，是为形声字，无论匾额或牌匾，都加了边框，比在竹简上题字，向前迈进了一大步。唐宋时出现了坊巷，坊口有坊门，门上有匾额，有的坊口还建有牌坊，表彰坊内忠孝节义、富贵寿考等人物，给坊巷大增光辉。

到了明清时期，牌坊、匾额发展到极致，牌匾的形象更加美好多样，内容更加丰富深邃。王家大院的匾额，无论其形状式样，或文学内涵，都堪称清代牌匾艺术的典范。明清匾额艺术发展到顶峰，是和清代园林美学家李渔的潜心研究创造分不开的。李渔著有《闲情偶寄》一书，对房舍、窗栏、墙壁、匾额、山石等，在继承前人的基础上，有了新的创造、新的发明，在园林美学上作出了新贡献。他首创"蕉叶联""此君联""碑文额""手卷额""册页匾""碑文匾""虚白匾""石光匾""秋叶匾"等联、额、匾的三个类型九种形式。额和匾发展到后来，已无多大区别，通称匾额。这些联匾形式，大都以品位高雅的植物或书画卷轴以及碑文组成，其本身就有很高的审美价值，如芭蕉、竹子，文化底蕴很浓；册页，也叫折页，则和奏折有联系；秋叶本指桐叶，便和桐叶封弟挂上了钩，也和御沟拾红密不可分。

蕉叶额"安敦"

在这些匾额上再书写镌刻文字，既朴实素美，又儒雅大方。曾有人说："观子（李渔）联匾之制，佳则佳矣，其如挂一漏万何？由子所为者而类推之，则《博古图》中，如

手卷额"映奎"

樽罍、琴瑟、几杖、盘盂之属，无一不可肖像为之，胡仅以寥寥数则为也？"李渔回答说不然，凡其所为者，不独取标新立异，其所取者，皆有其义："凡人操觚（木简，古人用以写字）握管，必先择地而后书之。如古人种蕉代纸，刻竹留题，册上挥毫，卷头染翰，剪桐作诏，选石题诗，是之数者，皆书家所有之物，不过取而予之，非有蛇足于其间也。"李渔新创的匾额，意境很高，"秋叶匾"取自周成王"桐叶封弟"的历史故事；也取自唐顾况应举时，偶临御沟，拾得"红叶诗"，转而与写诗者结为良缘的故事，可谓"御沟拾红，千古佳事，取以制匾，亦觉有情"。"蕉叶匾"（或称贝叶匾），则取自怀素种芭蕉万余株，以蕉叶代纸写字，终成大书法家之事。"册页匾"则指封建社会皇帝的册书、制书。"书卷匾"也叫手卷匾，取唐人像手卷一样的写本书，被称作"卷子本"。"此

石室书院内楹联『篊籔风敲三径竹，玲珑月照一床书』

096

君额""此君联"中的此君，指竹子，竹子被称为君子，始自王徽之。徽之性爱竹，曾指着竹曰："何可一日无此君也。"宋苏轼也说："宁可食无肉，不可居无竹，无肉使人瘦，无竹使人俗。人瘦尚可肥，俗士不可医。"唐白居易说得更清楚："竹节贞，贞以立志，君子见其节，则思砥砺名行，夷险一致者。"竹子以其出尘脱俗的高尚品格象征，成为人们心目中异常尊崇的对象。

王家大院之匾额之中，最有价值的还是学习仿造李渔在《闲情偶寄》中所创造的九种形象的匾额，或者说是在李渔美学观点指导下雕造的匾额。王家的文人士大夫们，文化水平和审美能力都很高，因此十分欣赏李渔联匾所包含的文化底蕴。尽管李渔说"堂联斋匾，非有成规"，但他所创造的艺术形象，却被王家大院不折不扣地继承下来了，在某种程度上，还有所发挥，可以说王家大院是李渔匾额的集大成者。

王家大院匾额颇多，档次较高，内容深厚，安放地点也十分讲究。此君联、此君额、册页匾、手卷匾均在书院，匾上署字和匾额形象相配，珠联璧合，美不胜收，把人们引向更高层次的审美境界。此君额在书院东腰门上，上书"笔锄"二字，是鼓励学子努力学习，在砚田里勤奋耕耘。西腰门册页石匾额上雕"汲古"二字，并附司马温公五言古诗一首，诗对董仲舒"废黜百家，独尊儒术"的行为大加赞赏。书院前十字花径东西连接月亮门，东为"映奎"，西为"探酉"，均雕在手卷额上。"映奎"是说望子孙中高奎映照一方，"探酉"是说探讨知识、研究学问，表明建筑的主题是书院。东月光门雕此君联一副"河山对平远；图史散纵横"。西月光门石雕联为"籨簌风敲三径竹，玲珑月照一床书"，寓意钟鼎之家诗礼相传，简册万卷，脱俗超凡。秋叶匾也有人称焦叶匾，安放在敬业堂前院石雕如意腰门上端，秋叶是桐叶的代称，前堂后寝格局的建筑，显示的是男人在前堂主外，在这个开放性对外活动的空间里，桐叶封弟更显示出深厚的韵味，况且秋叶的造型一波三折，像似从空中蹁跹飘落下来，叶的正面脉纹呈阴雕，向下凹，背面的脉纹则为阳雕，向上凸起，一叶分阴阳，完全用写实手法雕出，十分美观。

更令人叹为观止的是，王家受皇帝恩施甚厚，宗祠大门立匾"奉旨恤赠太仆寺卿"，是赠施贵西道王如玉的，其威风显赫如此。戏楼前牌坊立匾"钦赐世袭恩骑尉"，是皇帝赐封王如玉之子王荣荣的。按清朝政府规定，"凡阵亡人之子孙，袭爵次数已尽，即授以恩骑尉，例为七品，令其世袭"。但七品官还是可以晋升的，王荣荣初袭陕西省山阳县知县，后升邠州直隶州知州。

王家授封赠的牌坊、牌匾数量很多，题写赠送者，大多是官阶身份和声誉地位很高的人。据乾隆五十五年（1790）新刻《王氏族谱》卷十九《坊表考》所载，王家共建牌坊九座，"恤典坊"，在村北王氏佳城，为赠太仆寺卿贵西道王如玉立。"忠义坊"，在八蜡庙东，路北，为咸阳县县尉王风美立。"孝义坊"，在孝义祠堂前，是为敕封儒林郎晋赠中宪大夫优生王梦鹏立，是唯一保存下来的石雕牌坊。这三坊均是奉旨修建，王梦鹏是乡里举孝义奉旨建坊，王风美是在职时尽职尽责，政绩突

奉旨建造的孝义坊

出奉旨建坊。其余六坊均为节孝坊，其中最早的"节著天朝"牌坊是明万历三十六年（1608）为生员王新命继妻翟氏所立，其遗迹尚存。

另据咸丰四年（1854）手写本《王氏族谱》所记，王氏宗祠及王家大门前厅堂内牌匾共三十一块，匾额的题写赠送者，绝大多数是清政府高级官员，或在社会上声誉很高的著名学者。祠堂大门外匾牌"奕叶相承"，是乾隆庚午赐进士出身，光禄大夫都察院左都御史加五级梅珏成题。"积德累功"是乾隆辛未太子少保协办大学士吏部尚书兼翰林院事教习庶吉士加三级梁诗正题。"尊祖合族"为康熙癸巳赐同进士出身，光禄大夫太子少保工部尚书都察院左都御史直隶湖广总督合河孙嘉淦题。孝义坊匾额"孝义"二字及"敬业堂"后院垂花门内额"规圆矩方"十六字匾均为翁方纲的笔迹。

王家大门前及厅堂内的牌匾，除"奉旨给清标彤管王衍信继妻宋氏立"之外，"节孝遗芳"是山西巡抚石麟为王辅廷妻马氏立。"壶范可风"是山西省布政司蒋为王辅廷妻马氏立。"纯孝苦节"是山西省巡抚石麟为生员王昌祚继妻刘氏立。"花县分猷"是吉安府知府郑燨为吉水县县丞王崇立。"义隆乡井"是平阳府知府俞世治为义士王奋志立。"义高三世"是合县绅衿耆庶为贡生王麟趾、知州王奋志、贡生王喜立。"闺阁仪型"是霍州知州单涛为生员奉直大夫王梦麟继妻杨氏立。另外还有"德标彤管""名标彤史""冰蘖流声""芳名永世""功在尼山""积厚流光""膏泽吾民""达尊兼备""德懋宾筵""旗开厥后""捐资尚义""环桥伟望""芳名永世""修桥济众""品行兼优""膏泽吾民"等，虽都是宣扬封建社会道德礼仪观念的，但也保存了封建社会后期的文化现象，给我们提供了研究封建社会后期情况的丰富的文化、政治、经济资料。

从学而优则仕到贾而优则仕

据静升《王氏族谱》记载，王家发展史可概括为"业贾起家，货殖燕齐，捐官晋爵，步入官场，遂以文学著，以孝义称，以官宦显者众矣"。学而优则仕是历史

静升《王氏族谱》

发展的必然结果，贾而优则仕也是历史发展的必然结果。为了保证世族特权的官吏选拔，魏文帝曹丕让州郡有声望的人，担任中正官，把州郡内的人士按其才能分为九品，每十万人举一人，由吏部授予官职，即九品官人之法。各州中正官均由世族豪门担任，选举原则以"家世"为重。因此，形成了"上品无寒门，下品无世族"的门阀制度。到南北朝时，中正一职由地方豪强把持，形成了"下品无高门，上品无世族"的局势。

九品中正门阀取士制度，到隋开皇年间被废除，开始变为科举取士。唐代科举得到了进一步的发展和完善，科举考试成为国家选拔人才的重要途径。唐科举在选拔人才方面，照顾到了庶族地主阶级的利益，使中下层阶级人士也有了步入官场的机会。但有一点还不公平，这就是

"刑家子、商人、杂户、奴婢"等无权应举，这对商人来说是又一次受到了打击。

商人自古以来，在社会上的地位就很低。司马迁《史记·货殖列传》中说，商贾是"以末致财，用本守之"。商为末，农为本。做买卖发了大财，也总要置几亩土地装饰一下门面，因而出现了商业资本家兼地主，既有雄厚的资产，又在社会上有一定的地位。"儒为名高"，"贾为厚利"，儒贾结合，如虎添翼。捐榜、捐官自明后期开其头，清康熙随其后。康熙年间平吴三桂叛乱后，国事有些亏空，便又实行捐榜、捐官。捐官有实、虚之别，但不论实官还是虚官（有虚衔无实职），都能走通官场，使商业得到了良性循环。清代后期贪污腐败成风，谚语有"三年清知府，十万雪花银"之说，捐官也泛滥成灾。

《王氏族谱》记录了王家由商到官，再回到崇儒的"以文学著，以孝义称，以官宦显"，堪称"晋之栾范，齐之高国，张氏之七叶貂蝉，杨家之四世台滚"。在王氏族谱上，没有发现官职特别高的人物，但在护国保家方面却不乏其人，贡生贵西道道台王如玉，只是个未入流的生

静升文庙之魁星楼及漏雕影壁

员，山东阳谷县师爷王奎聚，只是个小小的师爷，但都是在前线奋不顾身而为国捐躯者。

灵石县第二区区立高等小学校石雕匾

清道光以后，用银钱捐封赠之风大行，赠封也不受品级限制，只要交足银子，什么三叔六舅、七姑八姨、嫡兄、堂兄等尽得封赠。光绪二十八年（1902），清政府下令废除八股程式，同时下令所有书院改为"学堂"，各省在省城设立大学堂，各府及直隶州设立中学堂，各州县设立小学堂，光绪三十年（1904），清政府举行了最后一次科举考试，翌年起废除科举制度。1911年辛亥革命以后，在庙学合一的基础上，民国十年（1921）六月，重修灵石县第二区区立高等小学校，为中国教育和西方教育搭桥挂钩，走上革新的道路。因此，重修后的"灵石县第二区区立高等小学校"，虽然不满百年，但有划时代的历史价值，不可忽视。这次翻修文庙及区立高等小学校，堪称是一次有意义的保护文物壮举。

进入现代化科学教育阶段后，学而优则仕又进入一个新的领域，不论考大学、考研究生或者出国留学，都要有优异的成绩才能被录取。

祝吉辟邪的王家大院影壁

　　山西省灵石县王家大院，是20世纪90年代新发现的清代完全封闭的城堡式的民居建筑群。王家大院中经过整修已向游人开放的高家崖、红门堡、孝义祠堂三大建筑群，分别建于清乾隆、嘉庆年间，建筑总面积达45000平方米，有大小院落123座，房屋1118间。其建筑特点是：负阴抱阳，背山面水，依势重叠，随形生变，层楼叠院，错落有致，沿袭了自西周起即已形成的前堂后寝的建筑风格。石雕、木雕、砖雕装饰艺术，题材多样，内容丰富，刀法娴熟，技艺精湛，集民俗民艺于一体，是清代中期建筑装饰风格的典范。这里就王家大院石雕、砖雕影壁的艺术价值和审美心理作一些探讨。

　　王家大院院多、门多，影壁也多，据统计，高家崖、红门堡两个建筑群的影壁就有45通之多。这里的影壁和大门相呼应，是庭院建筑中门的附属建筑部分，它是一种显示等级、富有的用以祝福、祝吉的艺术装饰性很强的建筑物。同时，影壁又是民族民俗文化的载体。

　　影壁源远流长，名称繁多，西周时即已出现，诸如树、屏、萧墙、罘罳、隐避、影壁、照壁、照墙等。西周时影壁称作树、屏、墙、罘罳，这时的影壁是等级制的体现。当时的天子在门外立屏，诸侯在门内立屏，士大夫无资格立屏，只能用帘子掩门。孔子曾批评管仲超越礼制的行为，曰："邦君树塞门，管氏亦树塞门……管氏而知礼，孰不知礼？"这里的树即是屏，《尔雅·释宫》："屏谓之树。"屏谓之树者，是屏蔽树立的意思，也即立墙挡门以自蔽。

鲁国大臣季孙氏谋干戈于邦内的野心，被鲁君发现后，季孙氏便转移注意力，要去讨伐鲁的属国颛臾。孔子以锐利的眼光看穿了季孙氏的阴谋，便说："吾恐季孙之忧，不在颛臾，而在萧墙之内也。"什么是萧墙?郑玄的解释是："萧墙谓屏也，萧之言肃，君臣相见之礼至屏而加肃敬，是谓之萧墙也。"

罘罳(亦作浮思、桴思、复思、罦思)，古代设在宫门外的屏，上面有孔，形似网，用以守卫和防范不测，并刻有云气虫兽。汉时谓屏为桴思，是天子的外屏，大臣至屏则反复慎重思量对应天子之事。《古今注》曰："罘罳，屏之遗象也，臣朝君，行至门内屏外，复应思惟。罘罳，复思也。"意即臣将入宫请事，于屏前慎重反复思考应对之事。

后来，影壁又称作隐避，树在门内者为隐，遮挡隐蔽院内，门外人难知虚实，树在门外者称避，可以抵挡恶风，减缓风势，在减少了气的冲煞的同时，还起到了辟邪的作用。

"影壁"一词的出现，据吴裕先生考证出自宋山水画家郭熙。宋邓椿《画继》中曾提到郭熙泥墙"令污者不用泥掌，止以手枪泥于壁，或凹或凸，俱所不问，干，则以墨随其形，晕成峰峦林壑加以楼阁人物之属，宛然天成，谓之影壁"。两千多年后的王家大院影壁中，祥云、瑞禽珍兽，仍占重要地位，而且构图越来越讲究，艺术造诣也越来越高，成为有研究价值的民间雕刻艺术。

简单地介绍了影壁在历史上的形成和发展过程之后，我们回头来看王家大院影壁的历史继承性，它所标榜的祈福、求禄、祝寿、盼子等吉兆装饰，所隐含的辟邪、除祟、镇妖等心理追求，以及它所体现的艺术价值、审美观念。

麟龙祝吉——滥觞于疏屏之"云气虫兽"

麟龙作为影壁上的吉祥装饰图案，滥觞于上古疏屏之"云气虫兽"。

《礼记·明堂位》曰："山节……疏屏，天子之庙饰也。"汉郑玄注曰："屏谓之树，今枍思也，刻之为云气虫兽，如今阙上为之矣。"这就是说，屏、树、枍思，都是天子宫门前或家庙前立的墙，既可以瞭望和防范不测，又有云气虫兽避祟祝吉，显示天子的威力。

　　砖雕"祥云瑞日麒麟图"影壁和石雕"夔龙祝寿图"影壁，在王家大院影壁中档次较高。"祥云瑞日麒麟图"是红门堡堡门外大型八字影壁主要构件之一。麒麟后坐回头注视祥云萦绕的红太阳，身旁有天书、珊瑚、如意、方舟、法螺、灵芝、祥云七珍，因此也叫"七珍麒麟图"。麒麟在历史上出现得较早，西周时期就与龙、凤、龟一起并称"四灵"，而且列在首位。《大戴礼记》："毛虫三百六十而麟为之长。"《礼记·礼运》曰："麟凤龟龙谓之四灵。"《说苑》说它"含仁怀义，音中律吕，步中规矩，择土而践，动则有容仪"，因此被誉为瑞兽，有仁德。王家大院"祥云瑞日麒麟图"中的七珍，也是瑞兽给人们带来的瑞气：如法螺妙音吉祥，呼唤迷途之人；天书或称玉书，孔子精而读之；灵芝食之长生不老，能起死回生；祥云喻官高爵显，青云得道；日月同辉，则为政通人和君臣睦，妻贤子孝兄弟和等。

　　有的地方将"祥云瑞日麒麟图"中的麒麟，说成是吞食太阳的"贪"

"祥云瑞日麒麟图"影壁壁心

105

兽。有的说成怪兽，说怪兽有点道理，《说文》曰："麒，仁兽也，麕身、牛蹄、一角。"《汉书·武帝纪》颜师古注曰："麟，麕身、牛尾、狼头、一角，黄色，圆蹄，角端有肉。"《毛诗正义》曰："麟身、马足、牛尾、圆蹄，角端有肉。"明清时候的麒麟，大都为鹿的对角、偶蹄、狮子尾、鱼鳞身。麟和龙、凤一样，是集许多种禽兽形象于一身的灵兽。是人们想象中的神兽，在世界万物中根本就不存在。至于"贪"兽则史书中皆不见有记载。民间有谚语曰："人心不足蛇吞象，贪婪不足吞太阳。"意为人心不要贪婪过甚，否则就像蛇想吞大象，贪得无厌的人想吞太阳一样，是不可能的。

那么麒麟眼望日月是怎么回事呢？《春秋命历序》曰：初"民没，六皇出"，"驾六飞麟，从日月"。注曰："飞，麒麟兽有翼能飞者，从日月，谓循其度也。"可以理解成初民穴居时代结束，六皇出，则进入文明社会，或者说从黄帝开始至尧舜时代，人类不断进步，这是自然发展规律（即"循其度也"）。况且麒麟吐玉书三卷，孔子读之，成为伟大的教育家、思想家、哲学家，创造了中国儒家文化。《春秋》别称《麟经》《麟史》，其典故也都和麒麟有关。介休市后土庙影壁也是"祥云瑞日麒麟图"，显然后土娘娘不存在"贪"心，她给予人们的是富贵多子吉祥瑞气。王家大院是民居，更是期盼多福多寿多男子。

石雕"夔龙祝寿图"影壁，在高家崖王氏兄弟书院之大门内，其造型生动，有动势，龙身上虽有鳞但无爪无须，不是真龙，也不是蟒，可也突破了卷草龙、拐子龙的形象，一角一足一尾，有商周饕餮和汉画像石画像砖之遗韵。四龙中分上下两组，中间有寿桃一对，石雕影壁四角又有八条草卷龙相衬，共十二龙。其内涵是鱼龙变化，青云得道。

鹿鹤同春——物候纪时，春光共浴

鹿与鹤及桐树和松树组成的纹图，寓意河清海晏，国泰民安，四海之内，春光共浴。它的起源甚至比麟龙更早。在纪时日历未出现以前，上古的先民们依据草木鸟兽的复苏现象定岁时，即所谓的"物候纪时法"。动物中对岁时变化最敏感的有鹤、雁、鹿等。鹤、雁冬去春来，鹿岁阳脱角，并孳新茸，这样，每年一次的去来、

石雕"鹿鹤同春"影壁壁心

换角，便成为先民们纪岁的方法，鹿和鹤相遇，也便成了春天的象征，岁时的开始。纪时的日历出现以后，鹿鹤一岁一度的迁徙、换角失去了纪岁的意义，但又附会出仙兽仙鹤，象征帝位、高寿、爵位、俸禄、清廉等。如"鹿死谁手""逐鹿中原"，是以鹿喻帝位，"百鹿图"中的鹿、禄谐音，祈盼高官厚禄；鹤驾、鹤驭代指仙人，"鹤发童颜"形容年老体健，有仙风道骨之气，是长寿的象征；"一琴一鹤"表示品行高洁，德才出众；一品文官补子为仙鹤，故鹤又称一品鸟，"一品当朝""一品高升"也均以鹤来显示官高显爵。

王家大院的"鹿鹤同春"影壁有四块，一块石雕，三块砖雕，题材虽然相同，但构图各异其趣，有古朴粗犷拙笨者，有纤巧细腻写实者，有变形扭曲丑陋者，但作为一种吉祥装饰、建筑艺术构件，扭曲丑陋不失其幽默情趣，粗笨古朴中倒也有几分憨厚稚气存在，使人观后在不合理中求得合理，产生一种诙谐的愉悦感。再加上祝吉、祝寿、祝禄，游

107

人能够从民族民俗文化中得到一种东方独有的艺术感受。

存礼堂是王氏保持四百年不衰的支派之一，当解说员讲解到主人"花甲子"王饮让九个儿女散布海内外各事其业时，总会想到四百个春秋中鹤的秋去春来，鹿角的去故换新，它们岁岁伴随着主人，直至今日。鹿的革故鼎新寓意随着社会的发展，不断地革除旧意识，建立新观念。存礼堂门前的鹿鹤同春影壁中，鹿与鹤都有一种扭曲变形，鹿的弓腰缩头，隐藏一种力的暴发，鹤颈弯曲三折，显示的是情趣韵致。静思斋门前之石雕影壁，则纤巧细腻，精雕细刻，鹤的羽翼，鹿角的茸毛，均以写实手法刻出，周边的牡丹缠枝纹，也花瓣隆起，脉络清晰，有中国工笔画韵味，不失为仿古、仿旧、仿实的石雕艺术。

海水朝阳——寿山福海，寅宾出日

红门堡东堡门对面为石雕"海水朝阳"吉祥图案影壁，其构图为一轮红日自海面冉冉升起，天空中彩云飘浮，数只蝙蝠在彩云间飞来飞去，寿山稳立海中，寓意为"寿山福海""寅宾出日"（恭恭敬敬地导引日出）。"海水朝阳"纹图，由于明太祖宰相刘基有"寿比南山，福如东海"诗句而得名，故明代官衣谱（清称"补子"）即已出现"立水朝

石雕『海水朝阳』影壁壁心

日""卧水朝日"和"仙鹤立水""仙鹤卧水"纹图。中国戏曲舞台上州、府、县衙署，也有"海水朝阳"图，是表示正大光明，秉公执法，廉洁奉公。影壁两边有石雕对联"静以修身，俭以养性；入则笃行，出则友贤"，表示了儒士、武夫修身养性治家卫国的忠君思想。

与石雕影壁相对应的，是石雕五福门，这门，这壁，可以说是珠联璧合。门为石雕门框，上框雕五只蝙蝠，边框刻有石对联一副："树滋讵必陶潜柳；燕翼端凭韦氏经。"这是站在儒家入世哲学的立场上，对道家出世隐遁思想的批判。他反对陶渊明辞官隐居，不问国事；赞扬韦贤父子治经入相，治国安民。门的两边，又镶有"鹤凤翠竹图"两块，并有题款："无曲鹤比节（上），有实凤来仪（下）。"竹号君子，直而不曲，只有仙鹤可以与它比节操；凤为鸟中之王，非梧桐不栖，非竹实不食，非灵泉不饮，因有竹实所以招至凤凰来仪。五福门和影壁一呼一应，使"海水朝阳"又增添了几分光辉。

渔樵耕读——形在江海，身存魏阙

在古人眼里，捕鱼、打柴、耕地、读书，与人们的生活联系最紧密，因此是人生中最快乐的四件事，故被称为"四逸"。这"四逸"在文人士大夫中，尤受欢迎，"渔樵"指隐居深山或海边，以打鱼砍柴为生，过着自由自在的逍遥生活。耕读传家，在某种程度上，也有脱离官场隐遁田间之意。隐居有终身不仕，过一辈子清淡生活者，如南朝宗炳、宋朝林逋。另一种则是在隐居中进一步深造，等待时机，如姜太公吕尚垂钓渭滨，文王访得，辅佐武王灭纣。殷相傅说，曾版筑于傅岩之野，武丁访得，举以为相。时称"山中宰相"的南朝梁陶弘景，隐居句曲山，梁武帝礼聘不出，国有大事辄就咨询。这些人并不是真的山栖谷饮，出世不仕，而是在山谷河边窥视时局变化，时机一来辄出山当谋士，成天下之大事。

王家大院有石雕"四逸"影壁两块，从表面上看是羡慕清高逸士的隐逸生活，实则是"形在江海，心存魏阙"，就是说身虽在江海隐居，心却期望朝廷的爵禄。德馨居大门内是石雕"四逸"影壁，门前便是称作"五福门"的东堡门，门前对联则否定了隐遁的五柳先生，肯定的是读书治经为相的韦贤、韦玄成父子。

座山影壁"雅士四逸"图

康熙十二年（1673），以吴三桂为首的三藩起兵反清，陕西总兵、前明降将王辅臣倒戈响应，王氏十五世王谦受兄弟二人，认为时机已到，便捐赠马匹粮草，支援清军平叛。康熙二十年（1681），三藩及王辅臣均被平息，王家兄弟声震京都，受到清政府的褒奖，王氏家族从此便振作起来，成为灵石"四大家"之一，王谦受及其孙王中极分别参加过康熙六十一年（1722）和嘉庆元年（1796）"千叟宴"，可谓受禄厚矣。

王家仕途的升沉，只不过是过眼的云烟，转眼即逝。但红门堡、高家崖古建筑群，虽饱经沧桑，弹痕遍身，却历久弥坚，成为中国古建筑文化遗产，供后人观光游览、研究品评。

山水影壁——知者乐水，仁者乐山

以中国山水画作影壁的装饰，在明代以前很少见，入清以后为数也不多。在中国建筑史上，影壁及其装饰，在明代以前，是和祝福、祝寿、加官晋爵、镇宅避邪的愿望联系在一起的。进入清代以后，中国山水画也被搬上影壁，丰富了影壁的装饰内容，这是民族传统文化的继承和发展。王家大院王汝聪大门内大型石雕坐山影壁以及宜安院（康熙十四年建）石雕山水影壁，就是中国山水画进入影壁的实证，这一实践起码在三晋地区来说是捷足先登，走在前头。

山水画作壁有何意义？这还得回归到公元前500年前的孔子及1500多年前南朝宗炳的理论上来。孔子曾说："知者乐水，仁者乐山，知者动，仁者静，知者乐，仁者寿。"这段话的意思是说，孔子弟子要少思寡欲，不贪私利，得志成功，永远向前。宗炳在《画山水序》中说："圣人含道映物，贤者澄怀味象，至于山水，质有而趣灵，是以轩辕、尧、孔、广成、大隗、许由、孤竹之流，必有崆峒、具茨、藐姑、箕首、大蒙之游焉，又称仁智之乐焉。"含道映物，说的是山水的

石雕影壁"山水楼阁"

111

创作；澄怀味象，是从审美鉴赏角度而言；质有趣灵，是说从山水形质的存在便能发现道之所在。因此，上古的圣人、贤人，有崆峒、藐姑、箕首之游，体现的正是黄帝、尧、孔等圣人、贤人、仙人"知者乐水，仁者乐山"的高尚思想。

先秦乃至唐代皇帝封禅祭山，又和敬天事神联系在一起。王家作为庶民虽无资格祭山敬天，但乐山乐水、澄怀味象、澄怀观道的高尚品德，还是可以通过山水来体现的，况且石雕山水影壁正中上端还刻有不破坏画面的"泰山石敢当"五个小字，这就使这通影壁既可以观道畅神，又借泰山之力来镇宅辟邪，使宅院"元、亨、利、贞"（《易·乾卦》）大吉大利。因此说山水画影壁在时间上虽然出现得很晚，然而它的历史却是源远流长。

《韩诗外传》把山水比作道德品质的象征："夫水者，缘理而行，不遗小间，似有智者；动而下之，似有礼者；踏深不疑，似有量者；障防而清，似知命者；历险致远，卒成不毁，似有德者。"因此，山水画影壁比起王家大院"履德基""树德""德馨"等文字门匾来，既含蓄文雅，又寓意深厚，显示的是文人士大夫的文化品位和雅儒秀美之风度。

封侯挂印——仕途得意，飞黄腾达

王家大院以"辈辈封侯""封侯挂印"为题材的建筑装饰艺术，分别见于望柱、柱础石、上马石、影壁、翼拱等建筑构件或建筑物之上。

红门堡堡门外大型八字影壁，正面为"石雕封侯挂印""路路畅通"，其造型是：左上角松树上有大小二猴，小猴手执木杖，将印绶挂在松树枝干上，大猴手抱一松果，剥皮取子。右下角为雌雄二鹿，一口衔灵芝，一正在觅食，旁边还有一株万年青。这一构图突破了传统挂印于枫树的造型，以松代枫，似乎更体现凌霜不凋、冬夏常青的大夫士气。更有意思的是，松、孙谐音，子谓子嗣，寓意子孙仕途得意，飞黄腾达。

侯为中国古代爵位之一，《礼记·王制》："王者之禄爵，公侯伯子男，凡五等"。侯占第二位，历代虽有增减变化，但侯爵一直被保留下来，直到清朝。因此，"封侯挂印"吉祥图案，在王家大院大厅翼拱上有，门前上马石上有，石雕照壁上也有。可见王家大院的"封侯挂印"不仅构图讲究，连安放在什么地方，也都作了精心策划。大厅是主体建筑，是封建礼

"封侯挂印"影壁壁心

制活动的中心，等级品位可以在这里得到显示。上马石寓意走马上任、鹏程万里。照壁则吉祥之光映照全堡，猴在上表示青云得道，乘风直上，鹿在下示意脚踏实地，路路畅通。八字影壁两侧壁心有石刻屏风两块，上刻绝句两首：

其　一

门第从来称绍衣，克绳祖武庶其几。

莫言令德光昭易，守得义训世依依。

其　二

纪得华园维书香，匣剑亦曾凌汉光。

文事武备兼济美，为迎善举致其祥。

第一首意为继承先人的德华教育，世代遵守义训。第二首意为书香

门第，人才辈出，文事武备兼济。因此可以说这影壁有诗有画，有情有义，诗中有画，画中有诗，既有世俗性、民俗性很强的美术图文，又有高品位、高格调的诗文赞颂，再加上堡门内外的对联、匾额及石雕"朱子家训""程子四箴"的陪衬，古文化韵味更加淳厚浓郁。

（原载《文物世界》2003年第二期）

崇高的艺术情趣　至善的审美境界

——王家大院雕塑艺术浅见

灵石县静升镇，是一个充满传统文化色彩的山区古镇，在这里可以看到传统文化艺术在民间生活各个角落的渗透，体现着不同时代的历史风貌以及人们的寄托和追求，同时也造就了一个理想空间，把人们的信仰、愿望有节奏地安排布局于起居生活的各个部分，通过寓意深刻的各种雕刻图案纹样，把主人的思想寄托全部融会其中，造成一个理想氛围，以激励意志，陶冶情操，教化他人，制约后人……其功能不可估量。该建筑群居高临下，层层递升，融南方之隽秀、幽雅、古朴和北方之雄伟、厚重、粗犷为一体，形成了别具特色的建筑风格，给人以完美

高家崖大院鸟瞰

"才秀四艺"墙基石拓片

的审美感受。

正如高家崖南堡门内的垂花门门匾"独一山川"所暗示的山庄之美。当你走进两进或三进不同风格的四合院内，静升古建的格局让你感到既宽敞博大，又曲径通幽，尤其是登上最高楼层后回眸顾盼，居高临下，视野开阔，舒展清心。无论你步入哪座院落，这变化丰富的建筑群体，让你情不自禁地停步欣赏，产生一种新的构想。这种有音乐般的节奏美、诗一般的抒情美、画一般的韵律美的建筑审美客体，是美的享受，美的升腾。

静升民间建筑群，以王氏望族为主。张、李、杨诸族建筑破坏较大，原貌已不存，王家原型尚存。王氏先祖商贾出身，清康熙、雍正年间发迹，加官晋爵，官至贵州贵西道、甘肃宁夏道等道道台和广西柳州府、湖北宝庆府两任知府，以及顺天府督粮通判等。经商与市民艺术有广泛接触，晋爵则步入士大夫官僚阶层，因此，王家大院之民宅建筑，虽不敢追求宫廷建筑的高大华丽，但却有士大夫的雍容华贵，有市民装饰艺术的丰富多彩。

引人注目的是，自唐宋以来表现文人士大夫高风亮节品格的"岁寒三友""四君子"以及表现文人风雅情趣的"才秀四艺图"，在王家大院的建筑装饰艺术中，占绝对优势，就连最小的地方神龛"土地祠"也雕以松竹梅。当你步入王家大院建筑群的时候，首先迎接你的是大门上的门框装饰，其额枋各有千秋，乐善堂小偏门额枋仿国画长卷图轴雕以松竹梅兰寿石，树林间又雕梅花鹿两只，互相盼顾，颇有情趣。乐善堂大门的额枋，主体雕以琴棋书画四艺图，周围衬以菊花、牡丹、鼎等浮雕装饰纹图。敬业堂偏门额枋，则在替子二龙头上方雕以瑞云翩翩，以示乘苍龙青云直上。进入小偏门是私塾，其院门门框用四块青石雕成，上面刻以松竹梅寿石喜鹊，这一雕刻设计清新，刻制精细，既表现岁寒三友的清气，又体现喜上眉梢的喜气，透视关系也完全按照中国画的散点透视手法，显示出其不合比例的合法性。乐善堂内的石雕风景座山影壁，高2.6米，宽1.82米，被镶嵌在建筑物山墙内，画面用平面阴线雕成，鱼子纹石点作底纹，图纹为松、柳、山、水、楼阁，云气浮游于天空，小船行驶在水中，煞是一片江南景色。宜安院石雕风景(1.70米×1.10米)，虽略小于东院，但显示的是北方雄伟壮丽的气势，峰峦峭壁突兀耸立，山麓间点缀亭阁数间，气势磅礴，生意盎然，其底座雕以二龙捧寿，饕餮压足，颇有青铜时代遗韵。

建筑就其本体属性来说，融实用坚固与审美为一体，在建筑工人修建过程中，对间架结构及其布局，除用力学掌握支点、力点、重点外，在造型上还体悟到它的美学趣味、价值观念、精神感情等。也就是说，主人的情感、情绪、趣味、意念、希望或理想，通过建筑工人的精心设计和制作，在建筑的主体结构和装饰部分把它表现出来，使理想与现实、审美与实用、娱乐与教化诸关系，在人们的起居生活中能够得到确立和实现。人们常说"七分主人三分匠"。能主之人确定内容，匠人进行艺术创造。

王家大院建筑中的额、枋、柱、栏部分，是造型装饰的重点，具有高度的规范性和鲜明的指向性，抱头梁穿插枋及坐斗饰以翼拱两片，镂刻有松树、荷花、仙人、瑞兽、花瓶等形状，如凤凰展翅、翱翔于天空。木柱两边的雀替，除装饰之外，还是分担负荷的构件。为了不影响结构的强度，浮雕以木雕挂落博古图，框架内分别雕以鼎、爵、灯（人丁兴旺）、桃、佛手、水仙（辟邪除祟）……古色古香，韵味十足。与雀替紧相连的额枋，以三个层次的高浮雕刻画出不同形象的祝吉、祝福的吉祥图案，其第一层为平面阳刻花纹作底，第二层高浮雕分别雕以荷叶、芭蕉、佛手、便面、卷轴、盆景等，第三层再在高浮雕上雕以鼎、四艺如意、葡萄、兰草等，层层相叠，立体感非常突出。客厅前的门罩，用镂刻的手法，分别雕以"松竹梅""芭蕉、菊花、海棠""松桐、鹿、羊、鹤"，这三组主雕周围，又刻有石榴、牡丹、梅、荷、鼎、瓶、麒麟等图纹。这些形态各异的自然物与器皿，除象征一定的观念意识外，又揭示了宇宙万物彼此关联、互相渗透、循环运动、生生不息的有机秩序，并且将人们引向一种审美境界。

　　开创中国山水画论的六朝画家宗炳，在他的《画山水序》中提出：如果贤者能够"含道映物""澄怀味象"，就能"应会感神""神超理得"，真正起到"畅神"的作用。他自己曾感叹"老病俱至，名山恐难遍睹"，"凡所游履皆图之于室"，"唯当澄怀观道，卧以游之"。"卧游"可以使思想得到净化。宗炳最先把山

博古图挂落

水画置于与人们的起居生活紧密联系在一起的居室之内，起到了装饰教化的作用。"居移气，养移德"，王家大院则把众多有吉祥寓意的图案纹样，经过艺术加工制作，精细地装饰在建筑主体之上，使人们由"卧游"到"居游"，把审美和至善的追求结合在一起，在起居生活中形成一种有节奏、有法度、有理想、有探求的行为规范，在娱乐中受教育，在娱乐中陶冶情操。

和主体建筑联系紧密的还有柱础石，从实用角度说，柱础石起防潮、防腐以及承受负荷的作用。王家大院的柱础石，在实用的基础上，又被纳入理念造型系统加以考虑，使柱础石的造型与装饰更加丰富。现存完整的柱础石有鼓形、瓶形、瓜形、六面锥形等，上面杂雕着佛家八宝（法轮、法螺、白盖、莲花、盘长、宝瓶、宝伞、金鱼），民间八宝（宝珠、古钱、玉磬、犀角、珊瑚、灵芝、银锭、方胜），道家八宝（鱼鼓、玉笛、宝剑、葫芦、花篮、紫板、芭蕉扇、荷花），另外还有琴棋书画、麒麟送子、狮子滚绣球、苏武牧羊、孙悟空三借芭蕉扇等，互相穿插，主次搭配，形象生动，变化多端。当你置身于王家大院后，"仰则观象于天，俯则观法于地"，会身不由己地将天地自然万象纳于胸怀，接受民族传统文化对你的熏陶。

敬业堂正大门门前的两对柱础石，均雕以瑞云、蝙蝠、铺首衔环，其基础台阶高出地面约两米，当你走近台阶向上仰视时，一片青云在你头顶缠绕，拾级而上，柱础石逐渐被抛在脚下，你会感到心旷神怡，犹如平步青云。进入客厅，则门槛下又有青石雕刻的荷花、青云、玉兰等平面阳刻石雕，使人有如步入琼楼仙阁。这一切都说明了古代建筑审美追求也正体现了不同时代的宗法、政治、宗教、风俗习惯等各种人文精神，它们飞动、流畅、坚实、飘逸，既凝结着强烈的审美意识，也雕刻着热情的审美情绪，把民间建筑工艺装饰中的"情、理、意、趣、神"融为一体，达到了很高的审美境界，其可贵的价值，正是通过建设精神美而达到建设生活美。

和王家大院相映生辉的，还有静升镇的元代建筑物——文庙。静升文庙现在主体建筑尚在，附属建筑鲤鱼跃龙门石雕影壁以及魁星楼、文笔塔三处遗物保存完好。"鲤鱼跃龙门"宽7.65米、高3米、厚50厘米，总面积22.95平方米，除砖包边框外，壁心全用石雕镂刻而成，里外同一形象，同一方向，其艺术价值是：在如此庞大的面积上刻出八条鲤鱼击水扬波，冲浪争雄，其中有一条破浪而出，鱼尾龙头，一跃而变成巨龙，跳过龙门飞腾于太空，体现了在同一时间和空间鱼龙突变的运动过程。这条神龙形象，是清王士祯谈龙观点的见证："神龙见其首不见其尾，或云中露一爪一鳞而已。"现其不全之全，异常生动，似乎这三维空间应再加一维——运动。在云彩中镂刻的空洞，使天空片片飞云间闪烁出点点星光，构成银河星座，其变化多端的云彩和起伏有序的河水波纹，形成明显的对比，富有浓厚的诗情画意。静升镇的村民们把这通石雕，称为"九龙壁"，它虽无大同、北京琉璃九龙壁精美，但其精湛的刀法、朴素浑厚的气势，有自己独创之处，国内实属少见，建成时间也比另外两处早一至两个朝代，堪称民间石雕精品。

（原载《美术耕耘》1994年第一期）

龙的传人创造了龙的文化

王家大院有关民族民俗文化的三雕艺术，专家学者发表了不少文章，出版的书籍也很多，然而对大院三雕艺术中所表现的龙文化，则很少有人涉及。2009年五一节前后，我们查阅了有关龙的资料，并用十多天时间，对王家大院龙文化装饰，作了较为详细的考察记录。据统计，仅高家崖、红门堡两个建筑群，就共雕刻各种龙一百零八条，这里取的是一个吉祥数字，实际数比这还多。

中国龙文化源远流长，是中华民族发祥和文明的象征。龙的图像早在6000多年前的仰韶文化时期就出现了，1987年考古工作者在河南濮阳西水坡发现了，用蚌壳堆塑的龙、虎及人骑虎的图像，此龙号称"中华第一龙"。自此开始，龙一直是神武和权力的象征，是被神化了的灵物，尤其在阶级社会中，龙被看作是通天神兽。以后皇帝自称"真龙天子"，皇帝所用器皿、衣着，皆以龙称之，如龙袍、龙座等，龙也成了天子的专利。但随着社会的发展进化，龙也被世俗化、民族化，龙的形象在广大人民群众中出现了。

文化是一个漫长的历史过程，在这一历史过程中，龙文化形成了不同的风格特征和艺术表现。就建筑构件和工艺装饰品来说，从商代到明清，有龙纹铜盘、夔龙玉佩、云龙纹、花草龙纹、似虎似马的兽身龙纹、龙纹瓦当、帛画中的应龙、玉雕蟠螭纹、赵州桥栏板上的穿龙石雕等，唐代在绘画、青瓷、铜镜、金银器、玉器上，都出现了龙的形象。值得注意的是，唐代受印度佛教的影响，还出现了流金鱼龙盘。

我国有着独树一帜的建筑艺术，自唐以来，建筑艺术中普遍重视装饰纹样的设计，在吉祥纹图中掺杂了丰富的神龙雕饰形象，这一特点在宫殿和神庙中，表现得更为突出。王家大院的龙雕，是在龙世俗化、民族化的基础上，在不僭越、不罔上的前提下，创造性地继承发扬了民族传统文化精神。龙的种类有夔龙、虬龙、蟠螭龙、应龙、鱼龙、凤尾龙、卷草龙、拐子龙、兽身龙、福字龙、寿字龙、双龙、蛇龙、云水龙、肥遗龙、象鼻龙等，另外，还有龙生九子中的贔屃龙、椒图龙。这众多的龙，形象生动，丰富多变，鲜明突出，独具风格，艺术价值很高，分别雕在斗拱、雀替、木构梁柱以及石雕墙基石、石雕栏杆、石雕照壁、木雕帘架、抱头梁、穿插枋、挂落、翼拱、砖雕博风头、砖雕拱垫板、看面墙、垂花门、挑栏、土地神龛之上。

在人们的心目中，龙不仅是通天神兽，还是吉祥瑞兽，《尚书·君奭》孔颖达疏曰："凤见龙至，为成功之验。"这是说龙和凤的出现，是成功的象征。《礼记·礼运》云："麟、凤、龟、龙，谓之四灵"。四灵指四方神兽，在民间被崇祀为威慑四方的吉祥神。《淮南子·天文训》载，太皞为东方之帝，其神为岁星，其兽为苍龙；炎帝为南方之帝，其神为荧惑（火星），其兽为朱雀；黄帝为中央之帝，其神为镇星（土星），其兽为黄龙（麒麟）；少昊为西方之帝，其神为太白，其兽白虎；颛顼为北方之帝，其神为晨星，其兽玄武。这里将四灵加一虎，是为五神兽或称五瑞兽，以五方帝、五方神、五方兽的方式固定下来。王家共有的五个堡子，也是用龙、凤、龟、麟、虎五神兽命名的。民间还相信龙能兴云布雨，崇祀龙王能够使一方风调雨顺，五谷丰登，人丁兴旺，国泰民安。因此有正月里舞龙灯，二月二龙抬头，五月端午赛龙舟等讲究。二月二龙抬头日，更讲究"引龙回"，或"引钱龙"。《帝京岁时纪胜》载："二月二日为龙抬头日，乡民用草木灰自门外蜿蜒布入宅厨，旋绕水缸，呼为引龙回。"也有的地方二日各家晨起挑水，也谓之"引龙"。此外，民间还认为龙能惩恶扬善，等等。王家大院对龙的崇拜，也在很大程度上受了龙俗文化的影响。

龙的众多功能，对古建筑中的宫殿建筑、庙宇建筑、民居建筑影响很大。王家大院受了传统龙文化的影响，在三雕装修构件中，赋予龙以时代特征、艺术生命。高家崖堡基本上是联立式的两个建筑群，由王汝聪、王汝成兄弟共建。兄汝聪为"军功叙议州判增贡生"，从七品，弟汝成"诰授奉政大夫布政司理问加三级"，正五品。门是冠带，是脸面，它显示的是秩官品位的大小和财产的富有。因此两套联立式的建筑，大门有很大的不同。按清政府规定，三至五品官，大门三间三架，身穿八蟒官服（四爪龙）。汝成大门五间三门一开，与北京恭王府大门相似，门前照壁为仿木结构庑殿顶，正脊两头为卷尾龙，也称鸱尾、螭吻，螭吻是龙生九子之一，可避火灾。影壁拱垫板上雕有行龙六条，四角角科斗拱雕龙头十二个，大门柱础石云龙十六条，看面墙砖雕六条，大门左边之如意门，木雕龙形雀替两个。州判王汝聪，大门一间三架，左右博风板上，砖雕朱雀两个，墀头戗砖雕凤戏牡丹，大门额枋木雕二龙，东边如意门博逢板雕飞龙二，飞龙除寓意青云直上外，还具四神兽东方青龙镇宅避邪的作用，它和南向戗砖凤凰组成龙凤呈祥纹图。门前影壁内容丰富，雕刻细腻，艺术性很高，如正面拱垫板雕道家"石室山烂柯""丘处机奉诏西行"等传说故事和历史人物，背面则是"功名富贵""鸳鸯贵子""安居乐业""喜上眉梢"，这些雕刻艺术精美绝伦，但缺少龙的雄壮威严，而且数量也少得多。

按清政府规定，七至九品及未入流官员，大门限定一间三架，身穿蟒袍也只能绣五蟒。乐善堂、敬业堂两套联立式的建筑，前堂后寝有关龙纹的装饰，也各有千秋，艺术表现丰富多彩，乐善堂王汝聪前院大厅

抱头梁穿插枋九
龙，大厅内斗拱
三龙，檐栏挂落
云水龙三组六
条，柱础石雕拐
子龙十六条。这
些龙造型生动，
构图巧妙，有升
有降，云里来雾

里去，生机盎然。翼拱上的翼龙为镂雕，向下倾斜，在低处仰视，则有
翼龙展翅向头顶飞来之感。正厅明间次间及大厅后门帘架荷叶栓斗上各
雕小龙二，共八条。东厢房帘架架心为二龙捧寿，花牙子有拐子龙四
条，荷叶栓斗上也雕有小龙两条。西厢房帘架拐子龙六条，并用祥云加
拐子组成边框，倒座南厅帘架卷草龙六条。敬业堂老二王汝成前院，大
厅抱头梁穿插枋雕有九龙，厅内八云龙，明间帘架四龙，东西次间帘架
八龙，东西厢房帘架共雕十四龙，大厅踏跺石雕拐子龙两条。

我们把这两座前院互相比较，会发现乐善堂的龙总数比敬业堂稍
多，然敬业堂的装饰，却是龙的升华，有鱼龙变化、封侯挂印等。登上
龙门便是鱼化龙，青云直上，反映的是前进向上的文化心理状态。

石雕螭首水口

乐善堂、敬业堂后院
所雕之龙，形态生动，艺
术性也高，两者比较，各
有特点。敬业堂后院垂花
门上，倒挂花牙子雕草龙
两条，雀替雕夔龙四条，
还有麒麟、狮子、凤凰
等，石雕仿木结构土地神

龛也雕龙十二条。乐善堂后院垂花门，只是在里外四个垂柱上雕四个柿子，寓意事事如意，或四时如意，缺少龙的形象，这又是档次的限定。敬业堂后院东西厢房，有石雕墙基石，其中和孝道、生殖有关的"麒麟送子""仙鸡送子""汉江革行佣供母""唐夫人乳姑奉亲"等四块石雕，两块各雕行龙二，另两块各雕拐子龙二，寓生子成龙，飞黄腾达，孝门出贵子。墙基石"吴牛喘月""海马流云"，则雕琴、棋、书、画才秀四艺，示风度温文尔雅。乐善堂后院抱头梁、斗拱、挂落、石栏杆上，无处不雕龙，且龙形雕得十分出奇。东西厢房檐栏额枋上，明间次间各雕夔龙卷草纹三条，中间的夔龙，龙头为正面形象，龙的两侧两个龙身向左右伸展开来，好似一头两身的肥遗龙形象。夔龙两边又雕以卷草龙两条，加上檐栏左右折角，共雕十一条龙，檐栏额枋下的挂落，共雕拐子龙六条，共十七条龙。

绣楼石雕栏杆，石雕龙更加丰富多样。栏杆盆唇，已变形为球状，球的里外雕三厘米大的小龙四条，二升二降，盘曲相间，细腻生动，匠心独运，色韵古雅。寻杖下两卡子，又雕四龙，四块栏板上，共雕二十四龙，东西两绣楼共计八十四条龙，堪称龙雕玉石栏杆。还有一很难被人注意到的地方，雕有历史研究价值极高的蜥蜴龙两条。何新在《谈龙说凤》一书中引《戎幕闲谈》故事说："有宋人笔记中说，唐宋时江苏茅山有一龙池，池水中有龙，据说有人观察到龙形状如大蜥蜴。"又说："秦始皇时，岭南端溪有一温姓老太婆，在水边捡到一只大卵，带回家后十多天卵中孵出一条'守宫'，约一尺长。后生长到二尺，能入水捕鱼。后又长至四五尺，遂入江水远游。数年后游归，已长成一条金灿灿巨龙。老太婆极为高兴，呼之为龙子。"王家大院的鲵鱼龙，也称守宫龙，在绣楼下部楼梯木栏杆连接檐柱的撑棍木托之上，是木构建筑中一个小小的构件。这种龙在新石器时期，就已被雕刻在陶器上，甘肃武山西坪就出现过鲵龙纹彩陶瓶。

鱼龙和鱼跃龙门

鲤鱼跳龙门，是飞黄腾达、一帆风顺、青云直上的象征。这一古老传说，在人民群众中影响很大，其故事在古书中记载颇不统一。《水经注·河水四》："《尔雅》曰：鳣，鲔也，出巩穴，三月则上渡龙门，得渡者为龙矣，否则点额而还。"《太平广记·卷四百六十六》："龙门山在河东界，禹凿山断门，阔一里余，黄河自中流下，两岸不通车马，每暮春之际，有黄鲤鱼逆流而上，得渡者便化为龙。又林登云：龙门之下，每岁季春有黄鲤鱼，自海及诸川争来赴之，一岁中，登龙门者不过七十二。初登龙门，即有云雨随之，天火自后烧其尾，乃化为龙矣。"《艺文类聚·卷九十六》："辛氏《三秦记》曰：河津一名龙门，大鱼集龙门下数千，不得上，上者为龙，不上者为鱼，故曰曝鳃龙门。"

后世李白有诗曰："黄河三尺鲤，本在孟津居，点额不成龙，归来

静升文庙「鲤鱼跃龙门」影壁

乐善堂后室"鲤鱼跃龙门"望柱

伴凡鱼。"科举制始自隋文帝。唐王朝建立以后，为了打击东汉以来形成的门阀地主世袭制度，巩固中央政权，进一步发展和完善了科举制，为庶族士人进入仕途开辟了门径，一个寒士一旦考取功名，被录用，便身价百倍，受到世人的青睐。自此，鲤鱼跳龙门的神话，便和科举联系在一起，考取状元便是普通的鲤鱼变成了龙，科考时贡院的正门也被称为"龙门"。

王家大院当然也受到了这一文化现象的影响，由农到商，再由商到官，更期盼科考及第，光宗耀祖，光辉门庭。因此，乐善堂楼梯栏杆前的石柱上，即雕"鲤鱼跃龙门"，而且用的是写实的手法。敬业堂二进大门前照壁博风板上，雕鲤鱼一条，这里把二门当作龙门，重在写意。红门堡存礼堂的鲤鱼跳龙门，则在后室堂屋房门的门框上方，水从龙门向下飞泻、浪花四溅，鲤鱼呢，已高高跃在龙门之上，鱼头翘首向上顾盼，鱼尾弯曲成弓形，动感很强，观者似乎能看到水在扬波，鱼在飞翔，堂屋光芒四射。

鲤鱼跳龙门的典型雕刻佳作，数王家所在地静升村文庙之镂空双面石雕万仞宫墙，这里，八条鲤鱼激水扬波，争雄冲浪，其中一条龙头鱼尾，在同一时间和空间内由鱼变龙的全过程甚为明显。

王家四处鲤鱼跳龙门，为啥未显出龙的形象呢？只雕鱼不雕龙的原因，其一是神庙和民居要有区别；其二是以鱼代龙，也即鱼龙。鱼龙在中国出现得很早，据王大有先生所著《龙凤文化源流》中的图片资料显示，鱼龙早在商代以前的上古文明时期即已出现，一直延续到明清。王家大院有鱼龙二，一在红门堡绿门院大门内看面墙上，一在红门堡三甲西巷第一院后院垂花门斗拱上。这第二条鱼龙形象酷似王大有先生所搜集的上古文明时期的鱼龙。王家大院有关莲文化和鱼莲文化的装饰有130多处，有寓丰收的"连年有余"，有寓男女性崇拜的"鱼穿莲"，也有象征子孙兴旺的"连生贵子""早生贵子"，这些都是鱼与莲、人与莲的组合。因此，单独鱼的纹图，我们称为"鱼龙"，进一步丰富了龙的文化。

王家大院有低层次的龙文鞭影启蒙书塾，又有高层次探讨子史经书的石室书院。该书院的石雕影壁，雕龙十二条，壁心四龙捧着两枚大寿桃二升二降，被称为"四龙捧寿"，四岔角雕有卷草龙八条，这些龙一角一腿，爪成云纹形，没有超出皇家规章制度所规定的标准，纯属民间所通行的变体龙。这反映了王氏家族忠于封建社会，对皇帝至忠至诚，想通过读书科考这个门径，升官发财，修身、齐家、治国、平天下。书院两边之精舍大门内石枋上，雕有二兽形龙捧寿，寿字为篆字，圆形，且周边有火焰纹，看上去又像是"二龙戏珠"。精舍水口为石雕趴蝮，龙生九子之一，用为排水出口。

福字龙、禄字龙、寿字龙、凤尾龙

王家大院不仅龙的数量多，造型更是新奇独特，鲜明突出，风采独具，就连建筑群布局也是龙的意象造型。

红门堡是乾隆年间修建的，其建筑布

静升文庙万仞宫墙鸱吻

门框上的透雕"鲤鱼跃龙门"

局，也是按龙的形象设置，红门堡有关龙的装饰也别有风味。堡门门楼上的木雕福字龙，是用蛇形龙龙体组成的福字形象，有如高家崖乐善堂、红门堡绿门院，用劲松、翠竹、蜡梅、秋菊四君子组成的松、竹、梅、兰四字，构成形内套形，花中藏字的造型。王家大院的福字龙，也是画中藏字，要细看、近看才能在"中国结"式的蛇龙纹图中显现出艺术性的"福"字来。这种画中藏字的造型方法，其源头就是我国古老的民间"花鸟字"，这种字是以汉字为基础，把花鸟与字融在一起，形式活泼，雅俗共赏，受到广大人民群众的欢迎。

"龙在头上变，凤在尾上分"。凤尾龙则是由兽体龙和卷草龙组成，图中有龙头，有龙身，有龙尾——卷草龙。凤尾的形象有近三十种之多，其中有草纹式、水草式、草叶式，都与卷草龙纹相似。凤尾龙的造型是象征凤尾的卷草龙接在兽体龙的后面，好似草叶式的凤尾向上翘起，十分生动。不过凤尾龙的审美欣赏，是要通过思维再三反复活动，才能深刻形象地理解其龙头、龙身、龙尾的神韵。

另一处福字龙，则是用"并升双龙"组成，是红门堡西北角角楼上的额枋木雕，额枋中间雕以玉璧似的月亮，月亮内雕二龙并排曲折上升，并有瑞云缭绕，好似云里出月，雾中现龙。并升龙两旁，雕以蝙蝠祥云纹，面向双龙月璧，是谓福运来临，万事亨通。璧中升龙，内涵丰富，造型生动，使人思之无穷。

松竹院大门只有三个踏跺的垂带石上，雕有四草龙、二肥遗龙，并雕有由四条龙体组成的福字龙、禄字龙，还雕有二篆体"寿"字，形象十分生动，同样是形内有形，画里藏字的精品，寓福禄寿考、富贵昌盛，三星在户，喜气入门。松竹院二门门枕石，正侧面雕四季花卉，分别配以公鸡、鸳鸯、鹌鹑、喜鹊，寓功名富贵、早生贵子、安居乐业、喜上眉梢。门枕石顶部，雕盘龙二：一代表太阳东升，一寓月亮西下。

最后谈一谈龙、凤、麒麟组成的木雕额枋。《淮南子·览冥训》曰："昔者，黄帝治天下……日月精明，星辰不失其行，风雨时节，五谷登孰，虎狼不妄噬，鸷鸟不挚搏，凤皇翔于庭，麒麟游于郊，青龙进驾（驾，黄帝的车马），飞黄（神马）伏皂（皂通槽，马槽），诸北、儋耳之国，莫不献其贡职。"这意思是说，从前黄帝治理天下时，天下清平安乐，日月格外光明，风调雨顺，五谷丰登，虎狼不随便伤害，猛禽不随便搏击，凤凰飞临庭院，麒麟游于郊区，青龙进献车马，神马安伏槽枋，远在地北天南的诸北、儋耳国人莫不奉献贡品。王家大院把麒麟、凤凰、青龙雕刻在一起，也正取的是歌颂太平盛世之意，冀望国泰民安，风调雨顺，五谷丰登，海外各国都与中国友好，互不侵犯，互相尊重。其构图造型也更加奇特，额枋以拐子龙为地纹，麒麟居中间，两只凤凰左右展翅，近圆雕式的高浮雕，两个拐子龙头也向上翘起，形成在第一层平面浮雕拐子龙之上的层次，又特以高浮雕刻出一麒麟、二凤凰、二龙头，有动势，有舞感，飞麟、飞凤、飞龙自天而降，给人们带来吉利祥瑞之喜气。

王家大院的龙，不像宫廷庙宇的龙华贵、威严、狰狞、神秘，也没有明清皇帝专利五爪的恐怖感，而是自由活泼、可亲可爱，表达了人民群众的爱好和意愿，寄寓着吉祥幸福的美好理想和前程，因此，二百多年来未被破坏，一直保存了下来，成为民间民居建筑龙饰的典范。

丰富多彩、功能各异的王家大门

山西灵石静升镇王家大院建筑群中，门占有重要位置。它不仅仅是住宅防盗保安全及内外空间的过渡，更重要的是标志着王家官职及身份等级，显示其财产的富有以及所处的文化层次。

王家大院，院多、宅多、门更多。高家崖建筑群通院、通园、通楼、通雨道的各种门，达66道之多。红门堡建筑群则有100多道。据初步考察，王家大院有堡门、府第门、广亮门、金柱大门、如意门、五福门、小门楼，圆明园式的小墙门、垂花门、垂花随墙门、垂花牌楼门、仪门、屏风门、窄大门等。另外还有楼门、腰门、腋门、旁门、后门等，总共有20多种。从形制说，则又有棋盘门、实扇门、铁裹门、隔扇门、浮雕石框门、抛光石框门、券拱门等。这众多的门，各有各的用途，各有各的特点，花样繁多，大小不等，位置参差错落，装饰有繁有简，色彩有冷有热。这些门的设置，并不是随心所欲、任意而为，而是按封建等级制度的限定及阴阳八卦方位进行修建。秩官品位分等级，宅院建筑论档次。《明会典》规定："公侯，前厅七间两厦九架。造中堂七间九架，后堂七间七架，门三间五架用金漆兽面，锡环。一品、二品，厅堂五间九架，门三间五架，绿油兽面，锡环。三至五品，厅堂五间七架，门三间三架，黑油，锡环。六品至九品，厅堂三间七架，门一间三架，黑油铁环。庶民所居房舍，堂屋不许超过三间五架，不许用斗拱及彩色饰。"最典型的例子是敬业堂。大门为府第门，东西共五间，大门三间一开，三架，东西梢间为门房，门前装饰十分豪华，左右次间墙壁各有4.9平方米的砖雕"鹿鹤同春"纹图，雀替雕以"华封三祝"（多福、多寿、多男子）。左右墀头砖雕青龙、白虎守护神镇宅避邪，门前上马石分别雕以"辈辈封侯""封侯挂印"。大石狮子底座雕以琴棋书画、八吉祥、八宝、暗八仙，技法细腻，寓意深厚。进大门后有仪门，东西侧门供主人平时出入。前堂大厅三间三门，明间正厅帘架上雕以福禄寿三星，边框为暗八仙，大厅内有内檐隔扇，楠木制作，中间为内檐隔扇门。再深入则是私密性、隐匿性很强的后院生活区，其门为雕刻精湛的垂花门。这中轴线上的七道门依次开启，层层深入，在有限空间，显示出无穷的变化，十分壮观，大有"侯门深似海"的感觉。

寅宾门

东堡门是王家大院高家崖建筑群主要建筑之一，高大雄伟，坚固庄重，门楼三层，高14米，巨幅石雕匾额楷书"寅宾"二字功力深厚，气势雄伟。门楼上层为"观日阁"，可以观绵山日出，中为夹层，供守门人员居住，下为砖券双层拱门。"寅宾"典故出自《尚书·尧典》，意为东方之神，敬导日出。所以东堡门称"寅宾门"。门前有两米高的石狮子一对，头大面阔，额隆颊丰，肉雕鼻子簸箕口，漩涡鬣毛披项颈，胸饰璎珞华锦，口叼绣球彩带，雄狮脚踏绣球居左，雌狮护抚幼狮在右，既显示门第高贵威严，又渲染喜气临门气氛。

砖券卡子门、垂花牌楼门

南堡门为砖券卡子门，装饰没有东堡门豪华，但简朴中含风韵，粗犷中有韵味。从山下绕行条石砌成的九曲盘山道顺势而上，地势渐高，也渐入佳境，上至南堡门平台回头远望，重峦叠嶂，良田成片，俯瞰村景，楼阁塔峰杂错。入南门后，是一融儒释道于一体的木雕垂花牌楼门。前书"独一山川"四个大字，意为山景之秀，此处独佳，胜似仙境琼阁。后书"桂荣槐茂"，寓意是希望子孙繁荣昌盛。垂花牌楼门前镂雕佛家八宝、道家八宝。走马板绘李白月下独酌、陶潜弄弦抚琴、东方朔献寿桃。夹杆石雕刻狮子、大象，有很高的艺术价值。

西堡门

西堡门上有"瞻月亭"，是一座四坡攒尖顶方亭，斗拱迭出，翼角腾空，与东堡门"观日阁"相映生辉，东观绵山日出，西赏苏溪夜月，是"指点江山"赏景的最佳位置。

高家崖堡西堡门

红门堡砖券双门堡门

红门堡建筑群，为王氏阖族共建，便于家族团结一心共同防范。堡门分上下两层，砖券双拱双门，既可以防盗防匪保安全，又可以观山望水赏风景。门内左右有石雕栏杆台阶，可供五人并排同上门楼和堡墙，石台阶下有二大四小藏兵洞六个，可容纳数十人，一旦敌寇来犯，则群起而歼之。堡门内外还有石雕匾额两块，外为"恒贞"二字，内为"履德基"。堡门外有石刻对联一副，上联为"南浦绕璇澜襟带静深云涌三山凝百福"，下联为"西椒环翠霭林皋雄秀风培五桂茂千春"。门内石雕对联为："琼质金相当时之秀，颂经风纬冠世而华；诗文清芬开道德会，山川灵秀秘庭户间。"门内还雕刻有《朱子家训》《程子四箴》石碣。宗族聚集的堡门上，文事武备兼顾，表现的是清朝中期官僚士大夫阶层所拥有的文化层次。大门外大型八字照壁，中间石雕"封侯挂印""路路通顺"，东西各有七言律诗一首，背面砖雕"祥云端日麒麟图"，更加衬托出红门堡的雄伟壮观。红门堡又

红门堡南门内

名恒贞堡，既非庙宇，亦非宫殿，为什么油成红色?这里有一个虽不可信，却颇有趣味的传闻轶事。传说堡内三甲王中极宅院建成后，听信阴阳先生谶语："将大门漆成红色一百天可以避邪去祟，大吉大利。"不料有人告发说王家欺君罔上，不遵礼法。清政府责成都察院派员检查，因王家在户部、刑部都有关系，很快得到提醒，才将红门改漆成绿门，将堡门漆成红色，使性质有所改变，免去大难一场。红门堡、绿门院，便成为一桩有趣的传闻轶事。

铁裹鸡门

高家崖建筑群王汝聪住宅区的大门，地处巽位。《易林》云："巽为鸡，鸡鸣节时，家乐无忧。"鸡和吉谐音，又取吉利之意，故称之为鸡门。官高，门楼就高，鸡门门楼高大，分上下两层，门扇用铁皮包裹，门槛高0.5米，寓意财帛不外流。鸡门的装饰，以木、砖雕为主，琴棋书画为主题，再配以吉祥花草及瓶、鼎等器皿。另有圆雕牡丹、荷花，寓意多生贵子，清廉富贵。墀头、盘头画，四对八幅，画框采用方形、扇形、海棠花形杂错，分别雕以"哪吒太子""财神包公""明将军"以

及"青龙""白虎"等神话人物，用以镇宅辟邪。另外还有"凤戏牡丹""四艺"，博缝头雕以"朱雀""夔龙"。与铁裹鸡门相映成趣的是大门内外的石雕、砖雕影壁。大门外为砖雕四阿仿木结构影壁。壁心为狮子滚绣球，狮、嗣谐音，示子嗣兴旺，彩带寓好事不断，绣球上的钱纹表示富贵，正如俗语所云："狮子滚绣球，好事不断头。"门内有将近5平方米的大型石雕山水影壁，用国画手法阴线刻出山石水舟、亭堂楼阁、松竹柳月、人物，等等。依次体现出主次、轻重、疏密、虚实等艺术效果。内外两通照壁前呼后应，更衬托出王家官高钱富、门第高贵。

广亮门

广亮门是清代一般贵族住宅的大门，建此大门的住户，必拥有相称的官品地位。大门匾额"司马第"及门楣、雀替、斗拱是品位的标志，抛光石门框又显示财产的富有。石雕楹联及匾额，又是书香门第的显耀。此门布局新鲜，呈"一关辖三门，三门通四院"形制。大门内有月洞、如意、实扇三道门，三道门内又有通向三院、四院的垂花门、小门楼，并各带屏风门，起院内影壁的作用，隔断了前院与后院的透明空间，使前后院内活动互不影响，并增加了建筑的进深。

四个不大的院落，前后有九道门之多，大门上的石雕对联为：

传家一篇司马训
课子数卷邠侯书

月洞门石联为：
谈心直欲梅为友
容膝还当竹与居

九道大门有匾额七块，分别为"燕翼""司马第""三省四勿""佗月""绵世德""垂家范""挹恒秀"，并有家训式的手卷碑文两块，东边为"勤治生俭养德四时足用"，西边为"忠持己恕及物终身可行"。门的建造，不仅显示出官职品位的大小，也显示了财产的富有及其所身处的文化层次。

绿大门

红门堡，绿门院，这是王家大院极有审美色彩的两道门楼。绿门院以漆成绿色而得名，又因它的门板为棋盘式，故又名棋盘门。绿门院的主人王中极，其叔祖父王谦受，因支援平叛三藩有功，于康熙六十一年（1722）三月恭赴千叟宴，御赐龙头拐杖一枚。乾隆五十一年（1786），圣驾临雍讲学，御赐王中极黄马褂一件，银牌一面。嘉庆元年（1796），王中极又荣赴千叟宴，晋封中宪大夫宣武都尉。

据史书记载，清大臣立功勋者赏黄马褂，满蒙二品以上方可享受。汉人一品文职大臣蒙赏者，自乾隆十一年（1746）始，本朝只有二人，武职官员自乾隆五十一年（1786）始。王中极大门享受二品待遇，门枕石上雕刻两条盘曲青龙，也就不难理解了。

华 门

红门堡底甲西巷"清芬院"，大门三间一开，次间看面墙为砖雕"鹿鹤同春"，东西抱框墙为石雕"夔龙祝福"，额枋及雀替，均雕以拐子龙纹和万字不断头纹。梢间两个圆形窗户，窗根为八方套，中间雕以锦葵。其院主人王饮让，因其父六十岁始得贵子，故又名"花甲子"。这道门是王氏装饰繁华的大门，故称"华门"。这华门显示的是王家的

富有。王饮让一族是王家延续四百年兴盛不衰的家族之一，至"七七事变"前夕，其家尚有钱庄、绸缎庄、当铺等12座，其长子官至四川省银行行长。其子女现在有在美国的，有在中国台湾的，还有在北京、成都、武汉、广州等地的，其子弟多从事科研教育工作。

垂花门

　　垂花门是主人社会地位的标志，同时还是吉祥、吉利的象征。其构造特点是，前檐悬臂挑出两根垂柱，悬于梁头之下，柱下雕刻优美的垂花头，门的上部采用彻上露明造，主要构件梁、材、檩都加雕刻、施油彩。可以说垂花门是王家四合院中最为华丽的装饰门。垂花门的形制种类很多，王家大院则有垂花门、垂花牌楼门、垂花随墙门。

　　垂花门，又称内宅垂花门，多设在后院，前后四个垂柱，两荷两瓜，寓清廉多子。花板为凤戏牡丹、狮子滚绣球、麒麟送子。檐枋为钟鼎彝尊、书画及花卉，倒挂花牙子及雀替均镂刻卷草龙纹。门匾雕刻"天葩焕彩"四个大字，表示百卉焕彩，含苞欲放，因《诗经》又称《葩经》，故又寓书香门第，文章秀逸，既儒雅大方又吉庆大利。

随墙垂花门

清芬院东大门，位于红门堡正巷西侧，在房屋的后檐墙上开门，既不妨碍主道上下通行又大方美观，出入方便。门上做挑檐、花板及花柱。花板上雕刻"四艺"及"瓶""鼎"，垂柱为四朵荷花，门匾额为"行鸣佩玉"，石对联为：

静思斋随墙垂花门

唐有赋汉有颂宋有策晋有经麟麟炳炳家声旧

善为田德为种宽为播厚为获继继绳绳世泽新

随墙垂花门对面为石雕鹿鹤同春照壁，边框为"万"字锦底和"牡丹"，构图清新，雕刻细腻，大有中国工笔画之风范。

月洞门

月洞门属什锦门之一，在宅院或花院中起隔离、装饰作用，一般都不设门扇。王家大院的月洞门，则融装饰、隔离、保安于一体，每个月洞门均设实扇门四扇。当门扇半开半掩时，月洞像是云里遮月；四扇齐开又经微风吹动，则似"清风乱翻书"；只开一扇则又有"迎风户半开"的诗意。王家大院院多、门多、花样多，院内有院，门内有门。书院、花院的月洞门、垂花门，一方一圆，一繁一简，方内有圆，圆内套方，方圆连环相套，繁简相互衬托。不论你从花院哪个月洞门内看瞻月亭，都会有"琼楼玉宇"之美景出现。

金柱大门

金柱大门与广亮门都是贵族住宅的大门，它与广亮门不同之处，是门扇立于金柱的位置上。金柱大门主人为四品官，大门前后均有檐柱，有"树德""大夫第""桂馥兰芬"三块匾额，门前有石雕旗杆一对，并雕有对联一副：

万丈虹文辉斗极
九天鹏翼展春云

石旗杆方斗上浮雕
鱼跃龙门、狮戏绣球、
鸳鸯荷花，等等。旗杆
只有在世家大门或有功
名地位之户，才可设立。
商人钱再多也没资格立
旗杆。清制，进士或举
人，始可立旗杆，进士
为双斗，举人为单斗，
各有差异。大门前还有

旗杆院大门

石雕上马石一对，石雕对联一副：

圣道高深敦诗说礼功无尽
皇恩浩荡凿井耕田乐有余

上马石上浮雕如意、仰莲、锦葵，寓意清廉如意、前程似锦。

塾的两种功能——读书、看门

高家崖堡王汝成宅院如意门内东侧，为王家私塾。《尔雅·释宫》:
"门侧之堂谓之塾。"《三辅黄图》谓:"塾，门外舍也，臣来朝君，至门
外当就舍，更熟详所应对之事，塾之言熟。"就是说，大臣们朝见君王，
必须提前在门外舍等候并进一步熟悉手中的奏折，这就是"塾之言熟"
之谐音，"门外舍"就因此称"塾"。塾的另外一个含义是先秦时起，就
指基础教育的基地，称家塾、私塾，也有义塾。《礼记·学记》中有
"古之教者，家有塾，党有庠，术有序，国有学"。孔颖达说:"周礼:
百里之内，二十五家为闾，同共一巷，巷首有门，门边有塾，谓民在家
之时，朝夕出入，恒受教于塾，故云家有塾。"施教于塾，显示的是重
教育的优良传统家风。王家大院的私塾，这两种功能兼有，因此称其为
两塾。塾另一种功能当然体现的不是"臣朝君"的关系，而是起迎接、
招待客人的作用，客人来了先在"门外舍"等候片刻，使主人有迎客的
准备，不致仓促。这间塾舍与读书书塾同在一院，但门不在书塾内，而
在如意门内侧单独开门成间，可见王家建筑布局有北京王府的气派。

书塾门框装饰为石雕岁寒三友——松竹梅。三友中最突出的是竹
子，梅、松似乎是竹子的陪衬。在主人的眼中，竹本固，性直、心空、
贞节，表现了君子的性格。历代文人对竹赞叹不绝，文与可说它"虚心
异众草，劲节逾凡木"。明解缙有幅诗意对联:"门前千竿竹，家藏万卷

书。"因此，竹门寓意清白廉洁，虚心向上，节节高升，有文人士大夫的书香气。

王家大院的大门，从设计到修建，都是造门者智慧的结晶，既坚固安全，又丰富多样，品位极高，它反映的是清代乾隆、嘉庆两朝的审美情趣、审美理想、审美追求，富有浓厚的时代感，同时还是民族民俗文化的载体，可以说是一部古代门建筑的活档案。

（原载《文物世界》2001 年第 3 期）

静升镇建筑布局中的古代哲学观念

　　灵石县静升镇，是2003年建设部和国家文物局公布的首批"中国历史文化名镇"。静升镇地处山西晋中盆地南部重镇要塞，东接绵山，西临汾河，南通秦蜀，北达幽并，自古即为山西南北交通要冲，也是兵家必争之要地。从新石器时代开始，这里就有人类居住。二十世纪七十年代，先后出土彩陶、青铜器以及原始社会遗址等。静升镇地上地下文物丰富，名胜古迹众多，有元代建筑文庙、后土庙以及八蜡庙等。明清民居古建筑群，完整保存了古代村落风貌。尤其是王家大院明清民居古建筑群，既继承了西周以来形成的前堂后寝建筑格局，也继承和发展了两千多年儒释道诸家所创造的建筑文化底蕴，具有很高的历史文化研究价值。2006年经国务院批准，王家大院列为"全国重点文物保护单位"，同年12月又列入《中国世界文化遗产预备名单》。

法天象地　　阴阳合德

　　静升镇的建筑格局，是和古村落选址分不开的。村北面是天然屏障，是黄土层很厚的大山丘，这个山丘将村子紧紧搂抱。村南有小河、中河、南河三水绕村绕田，流到村西后汇成一条河，被村人称之为"天河"，既利于灌溉，又能滋养土地，化生万物，形成山抱堡、堡抱村、村抱田、田绕水，山环水绕的小气候。负阴抱阳，背山面水，冬日阻挡北面的寒风冷气，夏日迎纳南来的清爽凉风。村人把穿村而过的小河，视为天上的"银河"，河上建有通济桥、镇波桥、锁浪桥、王公桥四座桥，被视为河汉上的"鹊桥"。这四座桥把东南堡、下南堡与静升村连通，便利了村民之往来。这四座

中国历史文化名镇标牌

桥是山水锁固、财源充足、人丁兴旺的表征，是对天上神仙胜景的追求，也是对神仙胜景的向往，既有功利实用价值，又有精神审美理想的内涵。

以河水象征天河，源远流长，《古今事物考》卷一："帝王阙内置金水河，表天河银汉之义也，自周有之。"秦始皇筑咸阳宫，"渭水贯都，以象天汉，横桥南渡，以法牵牛"。（《三辅黄图校证》）西汉长安昆明池，隋唐洛阳之洛水，都以天汉银河为名，宋元明清之都城，也都是人工开凿金水河，并在河上建金水桥。静升镇的村落选址建村，也受历代都城的影响，法天象地，阴阳合德，天人合一。

水口，在古镇静升占有重要地位，小河、中河、南河三条支流，分别源自绵山的三齐沟、柏沟、水涛沟。在古镇远看三水源头，宛若水自天上来，之后三水在古镇村西头汇成一水。水口沿线建有三官庙、文昌宫、文庙、文笔塔、魁星楼、商山庙、关帝庙、白衣观音庙等寺庙，历史悠久，源远流长。

静升古镇由九沟八堡十八巷组成，八堡象征八卦，寓意人丁兴旺，财源茂盛，天长地久，生化万物。八堡中有六堡的匾额出自《易经》或

和《易经》有关。如"恒泰"（西南堡）出自《易·泰》："泰，小往大来，吉，亨，则是天地交而万物通也，上下交而其志同也。内阳而外阴，内健而外顺，内君子而外小人，君子道长，小人道消也。"再如东南堡堡门坐东向西而建，门匾为"和义"，取自《易·说卦》："和顺于道德而理于义。"堡东边有圪洞堰，分大小二池，"润万物者莫润乎水"，"悦万物者莫悦乎泽"，水有恩泽、和睦之义，"利物是以和义"，两泽相通，相互滋益。

尚中向心，是静升古镇重要建筑布局之一。中国古代有"王者必居其中"的观念。《吕氏春秋·审势》中说："古之王者，择天下之中而立国，择国之中而立宫，择宫之中而立庙。"其实"择中"观念早在新石器时代的半坡遗址中就已出现，后来又明显带上了封建礼教色彩。《礼记》："中正无邪，礼之质也。"《荀子·大略》："王者必居天下之中，礼也。"静升村九沟八堡都是向心建造。位在北面的红门、朝阳等堡，坐北朝南，开南门；东南堡坐东向西，开西门；下南堡坐南向北，开北门；西小堡坐西向东，开东门。村中间为元代所建文庙，庙前尚留有一片空地，至今仍是村民政治文化活动的重要场所。王氏家族在古村落创建有五堡五巷五祠堂，同样也都是向心型建筑。

静升村外正西方向，还筑有崇祀土神、谷神的社稷坛，

文昌宫

坛上立有石柱，柱上雕"社神之址"四字。按《白虎通义》所载："仲春获禾，报社祭稷。"《礼记外传》云："社者五土之神也，稷者百谷之神也。"民以食为天，国以民为本，早在三代之前，就出现了崇祀土地之神、五谷之神的活

中国古镇·山西灵石静升邮票

动，以后一直延续不断，到封建社会，王室、民间均有祭祀。立祭社稷为的是祈祷上天广施五谷，使民饱官足、社稷稳固、国泰民安。石柱作为土地神的象征，还具有地母孕育万物的意蕴，是主宰生育的神灵。宫廷内的吉祥神为高禖石，历代朝廷都有立高禖祠的石子乞求子嗣的礼仪。民间则在郊外立石，也是期盼人民蕃息，天禄永得，是生殖崇拜文化的体现。

社神谷神坛，为什么筑台不建庙？《白虎通义》："社无屋何？达天地气。"故《礼记·郊特牲》曰："天子大社，必受霜露风雨，以达天地之气。"不建庙正是为了通天达地，燮理阴阳，通神明之德。

和谐宇宙　天人合一

静升古镇九沟八堡十八巷，组成了复杂多变的精巧建筑布局，使静升镇的安全有了坚实可靠的保障。这九沟八堡十八巷，有分有合，有断有连，九沟护八堡，八堡保九沟，堡沟连环套，再加外围十八巷巧布的形若蛛网的"迷魂阵"，使古镇安全系数很高，有铜墙铁壁之称。静升镇的八堡中，有六堡处于沟与沟之间的土山丘上，其余二堡建在平地上。这八个坚固的堡垒连环紧扣，把静升古镇围在中间，有堡垒连珠之美称。九沟实乃九条大巷，沟前沟后都建有瓮门，晚九点关门。沟的两

边土山丘上，建有高家崖、红门、西南、东、西、朱家王堡（又称西小堡）六堡。堡与沟结合，更加牢固安全。沟是堡的第一道防线，堡是沟的坚强后盾，一旦敌寇入侵沟巷，还可以退居堡内坚守抵抗。

静升这种构建模式，是追求人与宇宙的和谐统一，是我国古代天人合一观念的体现。它充分利用了大自然的山形水势、沟壑高崖等有利条件，和优美环境相融合，构建起适于人们居住的村落建筑群。静升处于山环水绕的北山之阳，夏有凉风送爽，冬有充足的阳光，故无酷寒酷热之感。而且这里房屋高大，墙壁宽厚，夏天晒不透，冬天能保温，十分舒适。

居住环境的封闭空间层次结构，在静升王家五堡中，也得到了充分的发挥。四合院本身就是一个围合式的封闭空间，三进、四进院落，大都由三道或四道封闭圈组成。封闭圈成为自然防卫线，既丰富了前堂后

石雕「神荼、郁垒」门神

146

室多进庭院的建筑空间层次，又增强了安全防范功能，使主人的生命财产安全有了可靠的保障。建堡三百多年来，虽有数股土匪强盗企图抢劫王家，但都因堡垒坚固高大而未能得逞。这里的堡墙，最高处达27米，低处也有10米，上堡墙的踏道，可容十人并肩同行，堡墙上也可容六七人同时行走，这有利于应急时的"调兵遣将"。且明碉暗堡，垛口密布，攻，可以进，退，可以守，可谓步步为营，处处设防。堡内有水有井有磨有碾，在使用冷兵器的明清时期，敌寇及盗匪对它奈何不得，即便围困一年半载，堡内人照样生机勃勃，斗志昂扬，以逸待劳。若从最坏处想，万一敌人进攻告急，堡内还有暗道通向堡外，也就是说，死棋还留一只活眼，主人可以通过暗道转移出去。

补 遗

该书中收录的文章，完成的时间不同，前后经历了二十五年的时间，其中有些观点已经陈旧需要订正，有些内容不够全面需要补充，故以"补遗"系于其后。

石室书院

石室书院的典故出自湖南里耶酉西口之小酉山，小酉山下有石穴，穴内藏秦人书千卷，这些书据传是咸阳书生躲避秦始皇焚书坑儒时移藏的书简。2002年4月，里耶古城一号古井中发现秦简36000枚，其内容多为传世秦代文献所不载，是考古学上特别重大的发现，复活了秦朝的历史。

石室书院位置好，景象美，可以成语"引风延月"总括之。"引风"，即引来风教。风教（包括儒家的诗教）是指厚风俗、美教化。儒家的诗教是一种功利主义的世界观，认为诗"可以兴，可以观，可以群，可以怨"，"迩之事父，远之事君"，更可以"经夫妇，成孝敬，厚人伦，美教化，移风俗"，"上以风化下，下以风刺上"。自

木雕『桂馨』匾额

汉代董仲舒"废黜百家，独尊儒术"后，儒家思想统治中国两千多年，学校是传播儒家思想的重要基地。"延月"，即迎接明月。花院建有瞻月亭，它和月洞门、垂花门、十字花径，组成一道亮丽的风景线。这里可攻读，可休息，可调理思维，对人的精神成长大有裨益。

"珠媚玉辉"木雕匾额之门内，狭巷借景，一线通天。迎面石雕四龙捧寿影壁，如龙自天降到书院。书院内雕刻有文阶石、三公三孤、连升三级、福禄寿三星、双喜等。匾额有"探酉""映奎""笔锄""汲古""桂馨""珠媚玉辉"等。为了不过于分散注意力，花院建筑非常简单，花木也不很多。

建筑内涵最丰富的要数瞻月亭下的砖砌玉璧，因其圆似璧，故称。其璧与辟谐音，辟即辟雍，是周天子为贵族子弟设立的大学。班固《白虎通·辟雍》："辟者，璧也，象璧圆，又以法天，于雍水侧，象教化流行也。"天子的大学有五，中为辟雍，圆形，周边有水，中间为方形建筑物，四面开门窗，天子常来这里讲学，故谓之天圆地方。

花院北面的建筑，地基比花院平面高出两米多，为三合小院，门为月亮门，由六层石台阶托举，如同天梯托着一轮明月。三合院西北角为精舍，由小门进入后，是三间十平方米的小屋，是主人学习和著书立说的地方。与清雍正皇帝那间五平方米的休息看书的心斋比，这里打开窗户可远看绵山、霍山，"云山万叠犹嫌浅"，这里"群山郁苍，群木荟蔚"，眼前的瞻月亭，空亭翼然，吐纳云气，然而"近觑精舍小屋"，

"茅屋三间已觉宽"。精舍比雍正帝的心斋，多几分野趣和自由，少的是禁锢和限制。宏敞不宜著书，幽曲不宜张宴，紧凑一些的空间本就更适宜书房，且屋小可凝聚人气，有利于身体健康。

鹿鸣与仙乐

红门堡司马门内的半亭，把赏月（审美）、看家（实用）、神仙（浪漫）三者巧妙地绾在了一起。半亭下的读书声，鹿鸣声，仙狐的俚曲、俚歌声，组成了一个小小的合唱团，使这里成为人间仙境，地上天堂，可说是人宅相扶，感天通地。从这里我们看到了历史精神、时代价值，王字造型又把天地人三才贯通一气。因此我们说，王家大院的建筑是意味隽永的立体诗、哲理深邃的有形文，它借鉴传统的审美意识，引发人们的艺术情思。

司马院内之书院，应恢复"鹿鸣书院"的旧名。鹿鸣最早出自《诗经·小雅·鹿鸣》。周代国君宴会群臣宾客时要演奏乐歌，所以特撰《鹿鸣》诗，以备歌唱。到科举时代，科考后由州县长官宴请考官、学政、中试诸生，也叫"鹿鸣宴"。鹿和仙（妖）在王氏家谱中都有记载。《季玉王公传》中说："公嗜酒，善琵琶，养一小鹿于小圃间。风怡月朗，率弹一曲，尽一壶，少刻放鹿看其仙轶之状。其圃中有妖时见人形，季云独以琵琶酒樽对之。夜半忽有声自北来，初如虎啸，循墙渐至亭栏，少刻将亭上小几悬空中如转蓬，随所转绕之歌俚曲良久，乃大笑而去。"这里的妖是虚构，"放小鹿看其仙轶之状"却是写实，故"鹿鸣书院"有深厚的历史文化底蕴。

"兔子的尾巴长不了" 和 "猴子捞月一场空"

乐善堂如意偏门墀头有戗檐砖雕"神猴戏月"，偏门内有戗檐砖雕

"玉兔献灵芝"，研究者对这两组砖雕褒贬分歧很大。褒者认为这两组砖雕包含了儒释道三教合一的思想内容。猴侯谐音，代表"辈辈封侯""封侯挂印"，侯属"公侯伯子男"第二位，属儒家。月在佛教中代表众生本具之菩提心月，月使众生启悟自性，密宗中还有"月轮十德"的经典说法，即：如月之圆满、洁白、清净、清凉、明照、独尊、中道、速疾、回转、普象等。宋代严羽所著

砖雕"玉兔献灵芝"戗檐

《沧浪诗话》中说："禅道唯在妙悟，诗道也在妙悟"，"故其妙处透彻玲珑，不可凑泊"，"如空中之音，相中之色，水中之月，镜中之象，言有尽而意无穷"，这是一种空灵玄远的诗境。后人多用"水中月，镜中花"形容诗的美好境界。明谢榛《诗家直说》第一卷："诗有可解不可解，不必解者，如水月镜花，勿泥其迹可也。"清汪士慎曾作《镜花水月图》，画一老者住心观水月，以一种恬淡心态观看月亮在水中的倒影。并有"镜中之影，水中之月，云过山头，狮子出窟"之题词。唐宋以来，禅宗的审美理想大量融入诗画创作中，禅诗和山水画中往往反映出空灵之美、无为之美。在佛教中还有"水月观音""月光菩萨"之称。

兔子在佛教中有十分特殊的象征。在道教中，兔子和月亮有不解之缘，玉兔、兔轮、兔魂均为月亮的代称，兔影又代称月影。传说中嫦娥奔月后，有玉兔捣药、吴刚砍桂、三足蟾蜍等物象。因此蟾宫也指月宫，蟾中折桂指科考及第。中国象棋中也有一着决胜的残局——海底捞明月。

"水中捞月"原为"井底捞月"，源出佛典中的一个寓言故事，据

砖雕『神猴戏月』戗檐

《僧祇律》载，伽尸国波罗奈城，有五百猕猴，一日在林中玩耍，来到一个井边，猴王见井水中有一月亮，便对同伴们说：月今已死，落在井中，我们应把它捞上来，以免世界长夜暗冥。众猴同意，但不知如何下手。猴王见井边有一棵树，便说：我捉树枝，你捉我尾，辗转相连，乃可出之。于是猴子辗转相捉，而树弱枝断，群猴都掉进水里了。佛陀以此故事讽喻那些自以为是、分不清是非虚实、害人害己的外道邪师。我们中国也有类似歇后语——"烟筒里招手，往黑洞子里引人"。

墀头戗檐砖雕神猴捞月图案，在苏溪一家富户的临街大门上也有，构图雕刻都在王家大院之上，当时因王家大院已有此雕，没有买，后来不见了，可能是被别人买走了。

有的人把猴子图、玉兔图说成是主人小气得罪了工人而引起的报复。此说甚是荒唐。建筑一般都是"七分主人三分匠"，匠人只是按图修造，没有涂改图纸的权利。何况乐善堂的主人曾捐银六七千两救济社会，应非小气之人。

捐银五千两，不仅仅是"乐善好施"

据王氏家谱记载，王汝聪为副室所生。副室即妾。"妾"有两种解释，一是女奴，一是侧室。这里应是指侧室。王中堂前后娶过三个夫人，第一夫人生子早夭，后又纳妾，生三子，汝聪为妾生第二子，排行老三，汝成为第三夫人所生，排行老五。副室在社会上或在宗族内，地位低下，其所生之子也受人歧视。因此要提高副室所生之子在家族及社会上的地位，出银捐款是最快的捷径。汝聪前后向族内无力抚养的鳏寡孤独或无力求学者，捐银四千多两，向社会上荒灾地区捐银一千多两，王汝聪之父王中堂也在社会上捐银一千多两。修建红门堡建筑群时，两个大厅随梁枋上，刻有王氏兄弟二人的官职及姓名：

军功叙议州判增贡生王汝聪建造
诰授奉政大夫布政司理问王汝成

这两个建筑群，一是嘉庆十年，一是嘉庆十一年完工。

按明清时规定，一品至五品诰授，六品以下敕授。州判从七品，奉政大夫正五品。一品二品大门三间五架，厅堂五间九架。三至五品厅堂五间七架，门三间三架。六品至九品厅堂三间七架，门一间三架。庶民庐舍不过三间五架。门是冠带，是脸面，我对敬业堂和乐善堂主人的肯定，便是以此为根据的。但也有人不看脸面，而是看尾巴，看到乐善堂后堂正面为三明两暗砖窑五孔，敬业堂后堂为砖窑三孔，便下了结论，认为乐善堂建筑品位比敬业堂高。这种观点是站不住脚的。建高家崖时，王汝聪年龄大，官职小，军功叙议州判，从七品。王汝成年龄小，官职高，诰授奉政大夫，正五品。兄弟二人大小差三品。到后来，王汝聪连升五级，由从七品州判升到三品郎中，可能是得力于白银的力量吧。但家谱上并无记载，是不是还没有改变他在社会及宗族中的低下地位呢？

小小门枕石，雕琢丝绸之路大题材

红门堡底甲存礼堂，二甲旗杆院，三甲存厚堂，是乾隆年间修建的

153

高档次院落。旗杆院和存礼堂损坏较严重，虽然在后来修复时增添了一部分雕刻艺术品，但总体来说元气损伤太大。三甲存厚堂三雕构件保存较好，基本上是原汁原味，不走形，不变调，古色古香，寓意深厚。

存厚堂的建筑分东、中、西三路，每路都是前堂后室两进或多进。东路松竹院通向后室的两组门枕石，第一组雕蟠龙两条，东边的向上升腾，西边的向下降落。古人认为未升天的龙叫蟠龙，东边的龙象征太阳从东方升起，西边的龙象征月亮向西落下，两条龙一高一低不对称。最有研究价值的是另一组体现丝绸之路内容的门枕石，其上雕刻两只狮子，分别由两个汉人驾驭，一只背上驮着两匹绸缎（物质文化交流的象征），一只驮着法螺（精神文化交流的象征），须弥座下雕四个西域劳动人民形象的侍者。公元前139年，博望侯张骞受汉武帝差遣，出使西域，后来丝绸之路不断发展，通过甘肃、新疆，直通到地中海沿岸国家，加强了中原和西域各民族的联系，进一步发展了中原和中亚各地的友好关系，促进了经济和文化的发展。

存厚堂中路比西路、东路高一个档次。中路大门三间一开，硬心包框墙上，有石雕四爱图，四爱图即陶渊明爱菊、林和靖爱梅、周敦颐爱

硬心抱框墙「四爱图」

154

莲、黄山谷爱兰。也有说是孟浩然爱梅的，因他有踏雪寻梅的典故。其实林和靖《山园小梅》诗中有吟梅名句"疏影横斜水清浅，暗香浮动月黄昏"，是为咏梅绝唱。且林和靖有"梅妻鹤子"之称，宋王淇有戏梅诗曰："不受尘埃半点侵，竹篱茅舍自甘心。只因误识林和靖，惹得诗人说到今。"存厚堂大厅之帘架，前为"指日高升"，后为"加官进禄"。"加官进禄"雕有二官人，二人各自手托一盘，一人盘内有一顶官帽，一人盘内雕一只小鹿，形象十分生动。后室檐廊木雕是"满床笏"的历史故事，说汾阳王郭子仪之七郎八婿位至高官，郭七十大寿时，专设一榻置笏，家人的笏板重叠其上。后因以"满床笏"比喻家门富贵昌盛，福禄寿考。

存厚堂西路是"步步高"书院，书院由前后四个小院组成"春泰""夏安""秋吉""冬祥"，即安、泰、吉、祥。最后一个院的屏门上，有清内阁学士翁方纲书写的"规圆矩方，准平绳直，祥云甘雨，丽日和风"十六字匾额。"规矩准绳"原出《礼记·经解》："礼之于正国也，犹衡之于轻重也，绳墨之于曲直也，规矩之于方圆也。故衡诚悬，不可欺以轻重；绳墨诚陈，不可欺以曲直；规矩诚设，不可欺以方圆。"这段文字艰涩难懂，不好理解，翻成白话文则是：用礼来治国，好比用秤来称轻重，用绳墨来量曲直，用规矩来画方圆。如果把秤认真悬起来，是轻是重就骗不了人；把绳墨认真拉起来，是曲是直就瞒不了人；把规矩认真用起来，是方是圆就一目了然。《辞源》对"规矩准绳"的解释是："规矩准绳为画圆、画方形测水准，打直线的工具，喻指一定的法度、规则、标准。"翁方纲的题词是说国家法律政策制定得好，执行得好，就会风和日丽，带来祥云甘雨，太平丰收景象。朱镕基总理视察王家大院时说，翁方纲所题十六字匾，倒着也可以读，这是一种回文体。

王家大院的三雕艺术可以说是民间艺术家雕刻在木头、石头、砖头上的内容深邃、艺术性极强的精美诗史。